U0610491

$$X_{1/2} = \frac{-b \pm \sqrt{b^2 - 4ac}}{2a}$$

$$a = \frac{180}{\pi} \cdot x$$

$$X^2 + px + q = 0$$

$$X_{1/2} = -\frac{p}{2} \pm \sqrt{\left(\frac{p}{2}\right)^2 - q}$$

$$X = 6 - 2y$$

$$X + a = b$$

$$f(x) = \tan x$$

$$f(x) = \sin x$$

数学的奥妙

〔俄〕伊库纳契夫　著

小袋鼠工作室　编译

黑龙江科学技术出版社

图书在版编目（CIP）数据

数学的奥妙/（俄罗斯）伊库纳契夫著；小袋鼠工作室编译. —哈尔滨：黑龙江科学技术出版社，2019. 3

ISBN 978 - 7 - 5388 - 9425 - 7

Ⅰ. ①数…　Ⅱ. ①伊… ②小…　Ⅲ. ①数学 – 青少年读物　Ⅳ. ①O1 - 49

中国版本图书馆 CIP 数据核字（2018）第 278494 号

数学的奥妙

SHUXUE DE AOMIAO

作　　者	［俄］伊库纳契夫	
编　　译	小袋鼠工作室	
项目总监	薛方闻	
策划编辑	孙　勃　赵　铮	
责任编辑	孙　勃　回　博	
封面设计	新华环宇教育科技有限公司	
出　　版	黑龙江科学技术出版社	

地址：哈尔滨市南岗区公安街 70 - 2 号　邮编：150001

电话：（0451）53642106　传真：（0451）53642143

网址：www. lkcbs. cn

发　　行	全国新华书店
印　　刷	北京市通州兴龙印刷厂
开　　本	787 mm × 1092 mm　1/16
印　　张	13. 25
彩　　插	13
字　　数	200 千字
版　　次	2019 年 3 月第 1 版
印　　次	2019 年 3 月第 1 次印刷
书　　号	ISBN 978 - 7 - 5388 - 9425 - 7
定　　价	38. 00 元

【版权所有，请勿翻印、转载】

本社常年法律顾问：黑龙江大地律师事务所　计　军　张春雨

目 录 Contents

一、奇妙的问题

1. 苹果和篮子

有一个装着 5 个苹果的篮子，把篮子里的这 5 个苹果分给 5 个人，这 5 个人每个人分到 1 个苹果后，篮子里面还剩下 1 个苹果。这是怎么回事？

2. 到底有几只猫

4 只猫分别蹲在房间里的四个角落，每只猫的对面分别有 3 只猫。与此同时，所有猫的尾巴上也分别有 1 只猫。请问一共有几只猫在这个房间里？

3. 裁缝店

裁缝店的老板有一块长为 16 米的布料，如果他每天把布料剪去 2 米，请问把布料剪到最后一块的时候是第几天？

4. 666 与数字

怎样能把 666 变为它的 1.5 倍？要求：不能用加、减、乘、除等方法。

5. 分数

有两个分数，其中一个分子小于分母，另一个分子大于分母，这两个分数能相等吗？

6. 巧分马蹄铁

有一块马蹄铁，在只可以砍两次的情况下，能把它分成 6 块吗？

7. 老人到底说了些什么

两个人经常比赛骑马，时间长了他们都觉得很没意思。

其中一个人说："今天我们玩儿点新鲜的，来一场和以前完全相反的比赛吧，比赛规则是谁的马最后到达终点，就算谁胜利。"

"好啊!"另一个人马上答应了。

于是,两个人牵着马到了比赛场地,这场奇怪的比赛吸引了许多人来看热闹。一位裁判给两名选手发令:

"一、二、三,开始!"

两位选手却站在那里一动不动,观众们忍不住大笑起来。

过了好久,观众们都觉得这么枯燥的比赛肯定不会分出胜负,因为这两个人在出发点骑在马上不动。这时,一位智者来到比赛现场。他问观众:"这里发生什么事了?"

有人就把这里的事对智者说了。

智者听了后笑着说:"好吧!我让你们看一件神奇的事情,他们在接受我的建议后,肯定会争先恐后地骑马往前冲。"

说完,智者来到两个人身边,抬起头对他们说了些什么,过了一会儿,两人真的争先恐后地往前冲,都不想让对手超过。但直到最后,仍然是谁的马跑得最慢谁获得胜利。智者到底对他们说了些什么呢?

数学小漫画

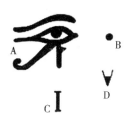

 问：

左图所示的图形代表古代一些地方的数字 1 和 0：

①古代埃及；

②古代玛雅；

③古代希腊；

④古代美索不达米亚。

请问，A～E 是以上哪些地方的数字？其中一个数字与其他 4 个不一样，你猜一猜是哪个？

 答：

A——古代埃及；

B——古代玛雅；

C——古代希腊；

D——古代美索不达米亚；

E——古代玛雅。

注：E 是玛雅数字 0，A～D 都是数字 1，玛雅人是世界上最早使用"0"的。

3

二、火柴棒的问题

只需要一盒火柴棒就可以设计出许多锻炼脑力的问题，这里就给大家举一些简单而有趣的例子。

1. 100

有 4 根火柴棒（如图 1），现在我们要把它们变成数字 100，但只可以添加 5 根火柴棒，怎样才能做到呢？

2. 家

用火柴棒做成一座房子（如图 2），怎样在移动其中 2 根火柴棒的情况下，使这座房子的朝向发生变化呢？

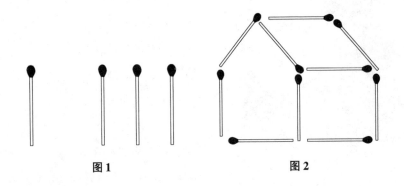

图 1　　　　　　　　　　　　图 2

3. 虾

这是一只虾在向上爬（如图 3），它也是用火柴棒做成的，如何只移动其中的 3 根，就能使虾向相反的方向爬行？

4. 天平

用火柴棒做成 1 个天平（如图 4），但是这个天平是不平衡的，然后我们移动其中的 5 根，就会使天平变得平衡。

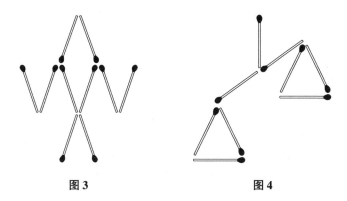

图 3 　　　　　图 4

5. 两个酒杯

这 2 个杯子（如图 5），是用 10 根火柴棒做成的，移动其中的 6 根，就能把这 2 个杯子变成 1 座房屋。

6. 建筑

1 座建筑（如图 6），由 11 根火柴棒做成。现在只移动其中的 4 根，就能把它变成 15 个正方形。

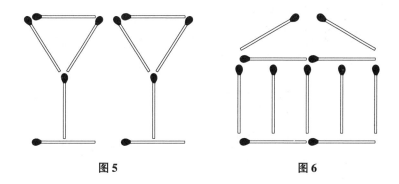

图 5 　　　　　图 6

7. 旗子

用 10 根火柴棒做成 1 面小旗的形状（如图 7），现在只移动其中的 4 根，就能把它变成 1 座房屋。

8. 街灯

用火柴棒做成街灯的形状（如图 8），现在只移动其中的 6 根，就能把它变成 4 个一样大的三角形。

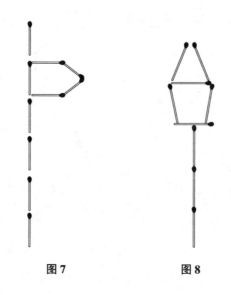

图 7   图 8

9. 斧头

用火柴棒做成斧头的形状（如图 9），现在只移动其中的 4 根，就能把它变成 3 个一样大的三角形。

10. 台灯

用 12 根火柴棒做成台灯（如图 10），现在只移动其中的 3 根，就能把它变成 5 个一样大的三角形。

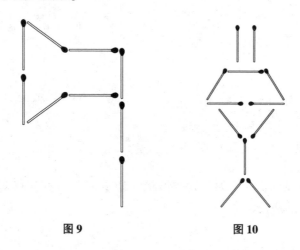

图 9   图 10

11. 钥匙

请看下面这个用 10 根火柴棒做成的钥匙（如图 11），现在只移动其中的 4

根，就能把它变成 3 个正方形。

12. 3 个正方形

移动图 12 中的 5 根火柴棒，把它变成 3 个正方形。

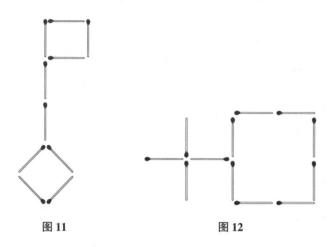

图 11　　　　　　　　图 12

13. 5 个正方形

用火柴棒摆放成图 13 的形状，然后移动其中的 2 根，把它变成 5 个同样大的正方形。

14. 3 个正方形

从图 14 中取走 3 根火柴棒，把它变成 3 个一样大的正方形。

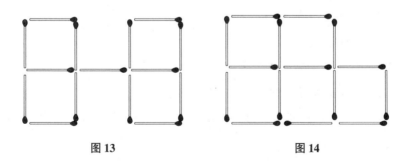

图 13　　　　　　　　图 14

15. 2 个正方形

移动图 15 中的 5 根火柴棒，把它变成 2 个正方形。

16. 3 个正方形

移动图 16 中的 3 根火柴棒，使它变成 3 个一样大的正方形。

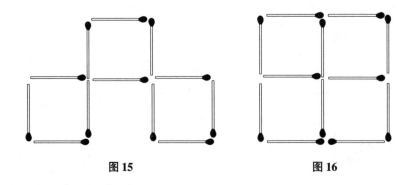

图 15　　　　　　　　　　　　图 16

17. 4 个正方形

从图 17 中移动 7 根火柴棒，使它变成 4 个正方形。

18. 正方形

从图 18 中移走 8 根火柴棒，使它变成 2 个正方形或 4 个一样大的正方形。

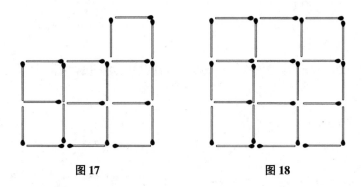

图 17　　　　　　　　　　　　图 18

19. 4 个三角形

如何用 6 根火柴棒做成 4 个等边三角形？

20. 以 1 根火柴棒轻松地提起 15 根火柴棒

把 16 根火柴棒用任意方式排列，用其中的 1 根，就能把其余的火柴棒提起来。

数学小漫画

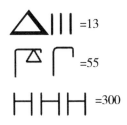

 问：

古希腊人采用5进制法。1用"Ⅰ"表示，5用"Γ"表示，10用"△"表示，50用"Γ△"表示，100用"H"表示。请问要怎么表示500这个数呢？

 答：

用"ΓH"表示，即500 = ΓH。

注：古希腊人是用数字的希腊语写法首个字母来表示这个数字的。如"5"在希腊语里写作Γευτε，于是用"Γ"表示5；

"10"在希腊语里写作△εκα，于是用"△"表示10；

"100"在希腊语里写作Ηεκατο，于是用"H"表示100。

三、想法和数法

1. 手指帮助计算

有个孩子怎么也学不会"乘法口诀表"中9的倍数，他觉得很苦恼，这时候他的爸爸教给他一个用手指帮助记忆的好办法。办法是这样的：

把两只手手心向下放在桌子上，从左到右第一个手指表示1，第二个手指表示2，第三个手指表示3……依此类推，最后一个手指表示10。接下来把1到10都乘以9。这时候只把要乘以9的那个数字代表的那根手指往上翘就可以了，其余的手指不要动。那么，翘起来的指头左边的手指有几个就代表得数的十位数是几，而右边的手指有几个就代表得数的个位数是几。

例如6×9时，把第六个手指（从左到右）翘起，就能看到左边有5个手指，右边有4个手指，所以6×9=54。

刚学会这种方法的时候，你一定会觉得非常神奇，但只要对"乘法口诀表"进行分析，就能知道其中的奥秘。

1×9＝9　　2×9＝18　　3×9＝27　　4×9＝36　　5×9＝45　　6×9＝54

7×9＝63　　8×9＝72　　9×9＝81　　10×9＝90

通过观察这些式子我们可以发现，得数的十位数字从左到右依次增加1，按照从0到9的顺序排列，个位上的数恰好相反，其规律是从左到右依次减1，按照从9到0的顺序排列。同时，个位数与十位数相加都等于9。所以，只要把对应的那根手指翘起来，就能很快得到答案，可以说十根手指是人类最简单方便的计算器了。

2. 航线

有一家轮船公司，每天中午都由法国的哈佛尔港发出一艘轮船向美国的纽约行驶。与此同时，这家轮船公司的另一艘轮船从纽约出发向哈佛尔港行驶。两艘船都是经过7天到达目的地，请问：一艘从哈佛尔港发出的轮船在到达纽约前，在路上一共能遇到几艘这家公司返回的轮船？

3. 卖苹果

一个农妇在市场上卖苹果。第一个客人买了所有苹果数的一半再加上 $\frac{1}{2}$ 个，第二个客人买了剩下苹果数的一半再加上 $\frac{1}{2}$ 个……直到第六个客人也买了剩下苹果数的一半加上 $\frac{1}{2}$ 个。第六个客人买完后，农妇带来的苹果全部卖完，已知所有人买的苹果都没有被切成两半。请问：农妇一共带了多少苹果来卖？

4. 螟蛉

一只螟蛉从星期日早上6点开始往树上爬，到晚上6点共爬了5米，但每天晚上它又会向下爬2米。请问：这只螟蛉爬到9米高的地方时是星期几的几点？

5. 自行车与苍蝇

两个小镇之间的距离是300千米，两个人分别从这两个小镇同时骑着自行车相向出发，他们的速度都是每小时50千米，而且在半路上也没有人停下来。与此同时，一只苍蝇也和两个人同时出发，它飞行的速度是每小时100千米。在遇到另外一个人后，它转身返回。在和第一个人相遇后，又转身飞向第二个人……就这样在两个人之间往返，直到两个人相遇。请问：在这个过程中，苍蝇飞行的距离是多少千米？

6. 狗和行人

两个人沿着同一条路向同一方向前进，第一个人每小时走4千米，第二个人每小时走6千米，第一个人走了8千米后第二个人开始走。此时，其中一个人带着的一只狗，以每小时16千米的速度跑向另一个人，在遇到另一个人后，又跑回主人身边，然后再向另一个人跑去……这只狗就这样在两个人之间来回跑。请问：当后出发的人追上先出发的人时，这只狗一共跑了多少千米？

7. 平方的简便算法

如果一个两位整数个位数是5，那么计算它的平方有一个快捷方法：先让这个数的十位数乘以比它本身大1的数字，然后在得出的积的旁边（即右侧）加上25，我们就会得到这个两位整数的平方。如果这个数是35，我们可以这样做：首先用3乘以4，等于12，然后在12的右侧加上25，即得1225。

按照这种方法，85的平方就是7225，请说明用简便算法计算的原理及过程。

8. 把2移至前方，数字变成两倍

一个个位数是2的整数，把2移到这个数的最前面，这个数就变成原来的两倍。请问：这个数是多少？

9. 此数究竟是多少

一个数在除以2后余1，除以3后余2，除以4后余3，除以5后余4，除以6后余5，除以7时没有余数，请问这个数究竟是多少？

10. 连续整数的和

用纸剪出10张同样大小的纸牌，在这10张纸牌上分别画上1到10个黑点。然后按照同样的方法再做一套纸牌。从两套纸牌中任意拿出一套，要想知道一套纸牌上一共有多少个黑点，可以从第1张一直加到第10张，但这种方法比较复杂，我们还有更简单的方法。

简单的方法是什么样的呢？首先把其中的一套纸牌按照从小到大的顺序排列，再把第二套纸牌按照从大到小的顺序摆在第一套纸牌的下方。即

1 2 3 4 5 6 7 8 9 10

10 9 8 7 6 5 4 3 2 1

如果把这20张纸牌分成上下两张一组，这里就有10组，每一组都是11个点。所以，所有的纸牌有110个点。需要注意的是，我们摆了两套纸牌，因此每套纸牌总点数是110的一半，也就是55。由此可知，从1加到10的结果就是55。

通过这种方法我们可以知道，只要是从1开始的连续整数相加，就可以用同样的方法计算出来，而不用一个个去慢慢加。比如从1加到100，最后的结果是101乘以100再除以2，也就是5050。

11. 收集苹果

把100个苹果按照每1米放1个的方法排成1行。1个人在第1个苹果前

1 米的地方放 1 个篮子，然后开始捡苹果，他每次只能捡 1 个，当他把所有的苹果捡完需要走多远（在这个过程中篮子不动）？

12. 时钟敲了多少下

在一昼夜的时间里，会报时的钟一共敲了多少下？

13. 自然数之和

自然数 1 至 n 连续相加，结果是多少？

除了我们前面提到的方法，这种问题也可以用画图的方法解决。首先画一个长方形，在横线和竖线上把 n 等分和 $n+1$ 等分的点标记出来，再用平行线把这些点连起来，就形成了 n（$n+1$）个长方形小图案，而且这些长方形小图案是完全相同的（如图 19）。

下面这幅图就是 $n=8$ 时的图案。如图所示，在格子上画上斜线，斜线部分的格子数量就可以用 $n+(n-1)+(n-2)+\cdots+3+2+1$ 的和表示。

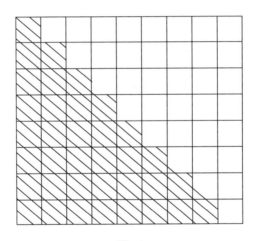

图 19

另外，看一下有几个空白格子，每行按照从右向左的顺序数，结果和上面数的是完全相同的，所以：

$$2（1+2+3+\cdots+n）=n（n+1）$$

所以答案就是：

$$1+2+3+\cdots+n=\frac{n（n+1）}{2}$$

14. 奇数之和

认真观察下面这个式子：

$1 = 1^2$

$1 + 3 = 4 = 2^2$

$1 + 3 + 5 = 9 = 3^2$

$1 + 3 + 5 + 7 = 16 = 4^2$

从 1 开始，几个连续奇数相加，结果就等于奇数个数和的平方，请证明这种规则的成立。

泰勒斯是腓尼基人，大约生活在公元前 600 年，他被数学界公认为是最早专门研究数学的人。

数学小漫画

 问：

　　有一次泰勒斯来到埃及，他想知道金字塔有多高。但这是一项很困难的工作，正当他冥思苦想时，忽然低头看见了自己的影子，于是他立刻想出了一个好方法。泰勒斯很快就用这个方法测出了金字塔的高度，请问他用了什么方法？

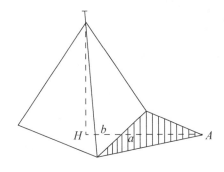

　答：

　　等到自己的身体和自己的影子长度相同时，再测量出金字塔影子的长度就可以了。

　　注：金字塔是一座非常高大的建筑，它的影子并不能完全投到地上，很大一部分都被压在金字塔下面，所以金字塔的高度应该是 a 和 b 相加。

四、渡河与旅行

1. 水沟与木板

有一块正方形的广场，它的周围被水沟包围，这条水沟的宽度是均匀的（如图20），现在想在水沟上搭建一座桥梁，但手里只有两块长度和水沟宽度相等的木板，要怎样才能做到呢？

图 20

2. 军队

一队士兵想过河，可是河上的桥被冲垮了，所以不能直接涉水过去，这些士兵不知该怎么办了。这时，两名少年划着小船从河面上经过，但他们划的船很小，只容得下一名士兵或两名少年。即便如此，这队士兵还是顺利过了河。他们是怎样过河的呢？

3. 狼、山羊和高丽菜

农夫带着狼、山羊和高丽菜来到河边准备过河，但是他的船很小，每次只能运送狼、山羊和高丽菜其中之一。已知狼会吃掉山羊，山羊会吃掉高丽菜。请问：农夫怎样才能带着狼、山羊和高丽菜都平安地过河？

4. 带着随从的三个骑士

3 个带着随从的骑士准备过河，他们只找到一艘小船，这艘小船一次只能坐两个人，骑士的马也可以不用涉水就能过河，因此骑士们认为过河应该是一件很简单的事情。没想到他们却遇到了困难，因为随从们都不想和自己主人之外的骑士在一起。最后，这 6 人还是顺利地过了河，3 个随从的要求也实现了。请问：这 6 个人是怎样过河的呢？

5. 带着随从的四个骑士

在与上一题同样的条件下，4 个骑士和他们的随从也能顺利地过河吗？

6. 可容纳三个人的船

还是 4 个骑士各带一名随从过河，这次他们找到一艘可以一次装下 3 人的船，其他条件和前两题一样，他们该怎么过河呢？

7. 渡过中央有小岛的河

假如 4 个骑士各带一名随从来到河边，还是用一艘只能容下 2 人的小船过河，在河里有一个小岛。在过河的时候，所有随从都不能离开自己的主人，也不能和其他的骑士在一起。请问：他们该怎么过河呢？

8. 火车 A 与火车 B

火车 B 就快从前方驶进火车站了，但这时另外一列火车 A 想经过火车站，而且一定要 A 先从火车站经过。虽然在铁轨旁边都设有供火车暂时避让的避让线，但这里的避让线长度不够，不能容下火车 B 全部车厢。有什么办法能使火车 A 先经过火车站呢？

9. 六艘汽船

在一条河上，三艘汽船 A、B、C 按照先后顺序向同一方向航行，同时，另外三艘汽船 D、E、F 也在河面上迎面而来。这条河的河道很窄，不能让两艘船并排行驶，这条河的一侧恰好有一个宽度刚好容下一艘船的河湾。请问：这六艘船想要继续向前航行该怎么办呢？

数学小漫画

问：

毕达哥拉斯是一位古代数学家，有一次他让他的学生从 1 数到 4，并对他的学生说："这不是 4，而是 10，还是个等边三角形呢。"学生听了觉得很奇怪。难道 4 等于 10 吗？

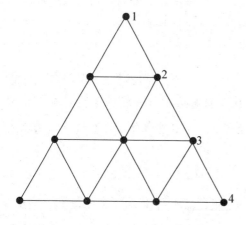

答：

$1+2+3+4=10$，把 10 个点叠成像一个金字塔就形成了一个等边三角形。

五、分配的问题

1. 避免分得太细

6 个孩子分 5 块饼干，这些饼干都不能被分成 6 等份。

这道题里面的数字我们还可以用其他数字代替，如 7 和 12、7 和 10、11 和 10、5 和 12、13 和 12 等，这类问题都可以通过把小分数化为大分数的方法来处理，这类问题也可以这样问：

把 5 张纸平分给 8 个学生，每张纸都不能平均分为 8 等份。这类问题对于我们理解分数的意义有非常大的益处。

2. 两位樵夫

尼基塔和帕威尔在森林里打柴，吃饭的时候尼基塔拿出了 4 个馒头，帕威尔拿出了 7 个馒头。这时一位路人经过，他对两位樵夫说：

"我是过路的，从这里到我想去的地方还有很远的路程，而且我现在很饿，可不可以把你们的东西分点给我吃呢？"

"可以！我们一起吃吧！"

两位樵夫把所有的馒头分为 3 等份，路人吃完后掏出 10 戈比的银币和 1 戈比的铜币各 1 个。

"谢谢两位，我身上只有这么多钱，全都给你们作为感谢吧！"

路人说完就走了，尼基塔和帕威尔在分钱的时候吵了起来。

尼基塔说道："我觉得我们应该平分！"帕威尔不同意，他说："这里有 11 戈比，我们刚好拿出了 11 个馒头。也就是每个馒头等于 1 戈比，你拿出的是 4 个馒头应该给你 4 戈比，我拿出了 7 个馒头当然就应该给我 7 戈比……"

请大家想想，该怎么分才公平呢？

3. 争吵

伊凡、彼得和尼克莱想平分一袋小麦，由于身边没有其他工具，他们只好让年纪大的伊凡把这袋小麦大概分成3份。

"第一堆是彼得的，第二堆是尼克莱的，第三堆是我的。"

"为什么我这堆那么小？太不公平了！"尼克莱不同意伊凡的分配。

结果分了好久都没能让3个人全都满意。

伊凡不耐烦地说："如果是我和彼得分这袋小麦，我们就不会出现都不满意的情况，因为我会让彼得先选，我只要剩下的那一堆就可以了。现在我们是3个人，我不知道该怎么办才好了。"

最后他们终于想出了一个好方法，3个人都很满意，你知道这是什么办法吗？

4. 平分成三份的方法

现在有21个木桶，其中7桶装满葡萄酒，7桶只装了一半葡萄酒，最后的7桶是空的。要把这些葡萄酒和木桶分给3个人，每个人要得到的葡萄酒和木桶同样多，在木桶里的葡萄酒不能转移的情况下，该怎么办呢？

5. 平分成两份的方法

一个8斗的木桶里装满了葡萄酒，另外还有两个空桶，一个能装5斗，另一个能装3斗，现在想把这桶酒平分给两个人，要怎么分才好？

6. 二等分

现在有一个16斗的木桶，里面装满葡萄酒，另外还有11斗和6斗的空桶各1个。请问：要怎样能把这16斗酒平分给两个人呢？

7. 葡萄酒的分法

容量分别是6斗、3斗和7斗的木桶各1个，第一个桶和第三个桶里各装有4斗和6斗葡萄酒。请问：要怎样用这3个木桶把葡萄酒平均分给两个人呢？

数学小漫画

问：

　　希腊帕提侬神殿基台的长与柱高有一定的比例，埃及金字塔的高度和底边也有一定的比例，这个比例的比值近似于1：1.618。请问：这样的比例被称为什么？

答：

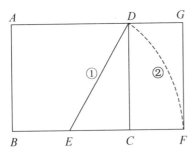

　　黄金比或黄金分割。

　　注：长和宽之比为1：1.618的长方形被称为"黄金长方形"，很多人认为这是一种最完美的形状。大部分明信片也采用这个比例，即长和宽的比约为1：1.618。

　　1. 正方形一边 BC 的中点是 E。

　　2. 以 E 为圆心，ED 长为半径画一个圆，这个圆与 BC 的延长线交于 F 点。

　　3. 得到的长方形 $ABFG$ 就是黄金长方形。

六、童话故事

1. 天鹅与鹳鸟解谜

天空中飞着一群天鹅，另一只不同群的天鹅迎面飞来，它很礼貌地打招呼："100 只天鹅，你们好啊！"可是这群天鹅的领队回答说："我们这群天鹅不是 100 只。把我们的数量乘以 2，加上我们数量的一半，再加上数量的 $\frac{1}{4}$，最后再把你加上，才正好有 100 只。你知道我们这群天鹅一共有多少只吗？"

这只单独的天鹅想：这群天鹅到底有多少只呢？想了好久都没有想出来。这时，它看见河里有一只鹳鸟在找东西吃。鹳鸟是一种非常聪明的鸟类，其他动物都把它称为"数学家"，当它思考问题的时候，它能连续好几个小时在水里一动不动。天鹅决定向鹳鸟请教这个问题。

"咳！"鹳鸟轻轻地咳了一声，说："好，让我好好想想，我解释给你的时候你要注意听啊！"

"当然了。"天鹅回答。

"好，我现在重复一下你说的问题：天鹅群的数量乘以 2，再加上天鹅群数量的一半，加上天鹅群数量的 $\frac{1}{4}$，最后加上你正好是 100 只吧？"

"对！"天鹅认真地点了点头。

"好，现在跟我走吧！我解释给你听。"

来到岸边，鹳鸟用它的长嘴在地上先画了两条一样长的线，又画了长度为前两条线的 $\frac{1}{2}$ 与 $\frac{1}{4}$ 的线各一条，最后又画了一个点（如图 21）。

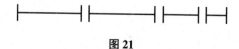

图 21

天鹅看了半天也没明白是怎么回事。

"明白怎么回事了吗?"鹳鸟问天鹅。

"不,我没看懂。"天鹅很沮丧地回答。

"那我解释给你听,你看地上这幅图,第一条线代表天鹅群的数量,后面是一条相等长度的线、一半长度的线与 $\frac{1}{4}$ 长度的线,最后那一点代表你自己,怎么样?这下明白了吗?"

"哦,这下明白了!"天鹅非常高兴。

"你遇到的那群天鹅数量,乘以 2,加上天鹅数量的一半,再加上天鹅数量的 $\frac{1}{4}$,最后加上你,一共是多少只?"

"100 只!"

"如果不算你的话还有几只?"

"99 只!"

"对,把这幅图里表示你的那一点去掉之后,还剩下 99 只。"

鹳鸟说完就在岸边画出了图 22。

图 22

"好,我们再看看 $\frac{1}{4}$ 群数量与 $\frac{1}{2}$ 群数量加起来,一共是几个 $\frac{1}{4}$ 群数量呢?"

天鹅想了一会儿,说:

"表示 $\frac{1}{2}$ 群数量的线长度是 $\frac{1}{4}$ 群数量的线长度的 2 倍,所以 $\frac{1}{2}$ 群数量是 2 个 $\frac{1}{4}$ 群数量,$\frac{1}{2}$ 群数量与 $\frac{1}{4}$ 群数量加起来一共有 3 个 $\frac{1}{4}$ 群的数量。"

"很对!"鹳鸟接着问它:"同样的方法,完整的一群一共有几个 $\frac{1}{4}$ 群呢?"

"很简单,是 4 个啊!"天鹅很快给出了答案。

"对,你看,现在有 2 个完整的群,1 个 $\frac{1}{2}$ 群数量和 $\frac{1}{4}$ 群数量各 1 个,一共是 99 只。把所有的群数量都换算成 $\frac{1}{4}$ 群数量，一共有几个 $\frac{1}{4}$ 群数量呢?"

天鹅又仔细想了一会儿才说:

"完整的一群等于 4 个 $\frac{1}{4}$ 群，另一个完整的群也是 4 个 $\frac{1}{4}$ 群，一共有 8 个 $\frac{1}{4}$ 群;接下来半个群等于 2 个 $\frac{1}{4}$ 群，就是 10 个 $\frac{1}{4}$ 群，最后加上 1 个 $\frac{1}{4}$ 群，一共有 11 个 $\frac{1}{4}$ 群，天鹅的数量是 99 只。"

"对，这下你知道结果是什么了吗?"鹳鸟又问它。

"我遇到那群天鹅数量的 $\frac{1}{4}$ 乘以 11 是 99 只。"天鹅回答。

"那么，$\frac{1}{4}$ 群天鹅有多少只呢?"

"$\frac{1}{4}$ 群天鹅有 9 只。"

"那整个一群天鹅的数量是多少只呢?"

"一群天鹅是 4 个 $\frac{1}{4}$ 群……刚才那群天鹅一共有 36 只!"天鹅高兴地喊了起来。

"对极了! 可是天鹅先生，这是我帮你算出来的，对不对?"鹳鸟十分得意地说。

2. 农夫与恶魔

一个农夫在路上抱怨说:"实在是太辛苦了! 我这么穷，活着还有什么意思? 身上只剩下几个铜板，很快就会花光! 我要是有钱该多好啊!"

农夫刚说完，一个恶魔就出现在他面前。

"刚才你说的我都听见了，不就是希望有钱吗? 我可以帮你实现愿望，这很好办! 那座桥你看见了吗?"

"看见了。"农夫非常害怕地回答。

"当你经过那座桥时，你口袋里的钱就会增加 1 倍，走回来又会增加 1 倍。所以每走 1 次桥，你口袋里的钱就会变成 2 倍了。"

"真是这样吗?"农夫简直不敢相信。

"当然!"恶魔很肯定地说,"我是不会欺骗你的!但我有一个条件,那就是你的钱每增加1倍,你就要付给我24戈比,可以吗?"

"好的,当然可以!"农民愉快地回答,"如果我每过一次桥,口袋里的钱就多了1倍,那么每次给你24戈比就不算什么了,现在我可以开始过桥了吗?"

果然,当农夫经过那座桥时,他口袋里的钱就增加了1倍,而且他也按照约定,每次付给恶魔24戈比,当他回头走第二次时,口袋里的钱又多了1倍,当然他还要付给恶魔24戈比,再走第三次时,口袋里的钱又变成了2倍,但这时农夫的钱正好有24戈比,为了遵守诺言,他只好把钱都给了恶魔,最后农夫的口袋里连1戈比也没有了。

请问:农夫的口袋里原本有多少戈比?

数学小漫画

问：

哥白尼提出的地动学说，是以某一个事件为起始，使整个世界发生了巨大变化，人们把这个学说称为什么？

①地动说式逆转；

②哥白尼革命；

③哥白尼式回转。

答：

③哥白尼式回转。

注：哥白尼（1473—1543 年）是波兰著名的数学家、科学家、天文学家、医师。过去的1400 年间人们深信不疑的地心说被他推翻了，他公开发表了日心说，这对近代科学的发展起到了极大的推动作用。德国哲学家康德将这一理论称为"哥白尼式回转"。

3. 农夫与马铃薯

三位农夫到客店里吃饭休息，他们想先睡一觉再吃饭，于是他们先让老板娘煮一锅马铃薯，就到房间睡觉了。老板娘把煮好的马铃薯送进屋里，看三个人在睡觉就没有叫醒他们。第一位农夫醒来后，看见桌子上煮好的马铃薯，没有叫醒其他两个朋友，吃掉其中的 $\frac{1}{3}$ 后又继续睡觉。不久之后，第二位农夫也醒来了，但他不知道第一位朋友已经吃掉原来的 $\frac{1}{3}$，于是他吃掉碗中马铃薯的 $\frac{1}{3}$，也继续去睡觉。最后，第三位农夫醒了，他以为自己是最先醒来的，他也吃掉碗中马铃薯的 $\frac{1}{3}$。这时，其他两个人也都醒了，他们看见还有 8 个马铃薯。请问：原来有多少个马铃薯？三人每人各吃了多少个？最后剩下的 8 个马铃薯要怎么分？

4. 两位牧童

伊凡和彼得在草原上放羊，伊凡对彼得说："把你的羊给我一只吧！这样我拥有的羊就是你的 2 倍了。"彼得说："不行，还是把你的羊给我一只吧，这样，我们俩拥有羊的数量就一样多了。"

请问，伊凡和彼得分别有几只羊？

5. 奇妙的买卖

市场里有两位农妇在卖苹果，其中一位每 2 个苹果 1 戈比，另一位每 3 个苹果 2 戈比。

她们各自有 30 个苹果，第一位农妇把苹果卖光后可以得到 15 戈比，第二位农妇把苹果卖光后可以得到 20 戈比，两个人一共可以赚 35 戈比。为了避免竞争，两人决定把苹果放到一起卖。第一位农妇说："我这里的苹果每 2 个 1 戈比，你的是每 3 个 2 戈比，我们把苹果放到一起卖的话，就应该每 5 个苹果 3 戈比。"第二位农妇同意了。

卖完之后，她们发现得到的钱是 36 戈比，这多出来的 1 戈比是怎么来的呢？二人都觉得非常奇怪，她们也不知道该把这多出来的 1 戈比给谁。正当两位农妇为这多余的收入而冥思苦想时，另外两位农妇看见了，她们也想多赚 1

戈比。

于是，这两位农妇每人也带了 30 个苹果到市场上卖。第一位农妇每 2 个苹果 1 戈比，第二位农妇每 3 个苹果 1 戈比。她们计算全部卖完后，第一位农妇可得到 15 戈比，第二位农妇可得到 10 戈比，加起来应该是 25 戈比。她们也把苹果放到一起来卖，第一位农妇说："我的苹果是每 2 个 1 戈比，你的是每 3 个 1 戈比，所以我们应该卖每 5 个苹果 2 戈比。"结果她们把苹果全部卖完后一数钱，只有 24 戈比，也就是说，她们还损失了 1 戈比。

她们想不明白是怎么回事，那损失的 1 戈比该由谁来担负呢？

6. 捡到钱包

四位农夫席多、卡普、帕风和波卡从镇上村子走过，他们边走边聊天。

席多说："要是能捡到一个钱包该有多好，里面的钱我只要 $\frac{1}{3}$，其余的都给你们。"

"要是我捡到钱包……"卡普说，"我会分四份，每个人分一份。"

"我只要其中的 $\frac{1}{5}$ 就好了！"帕风说。

"我只要其中的 $\frac{1}{6}$ 就好了。"波卡接着说，"我们只是在这里说说而已，哪能那么容易就捡到钱包啊？"

波卡刚说完，他们就看见路边真的有一个钱包，四个人赶忙跑过去捡起来。按照他们刚才的想法，席多要分到钱数的 $\frac{1}{3}$，卡普分到钱数的 $\frac{1}{4}$，帕风得到钱数的 $\frac{1}{5}$，波卡得到钱数的 $\frac{1}{6}$。

这个钱包里一共有 8 张钞票，其中有一张是 3 卢布，剩下的分别是 1 卢布、5 卢布还有 10 卢布。如果要按照他们刚才说的那样分钱，就必须把钱包里的钱换成零钱。所以，他们决定找其他过路人换零钱。过了一会儿，有人骑马过来了。

"我们捡到一个钱包。"四位农夫说，"我们想把里面的钱分掉，请问你有 1 卢布的钞票吗？我们想和你换。"

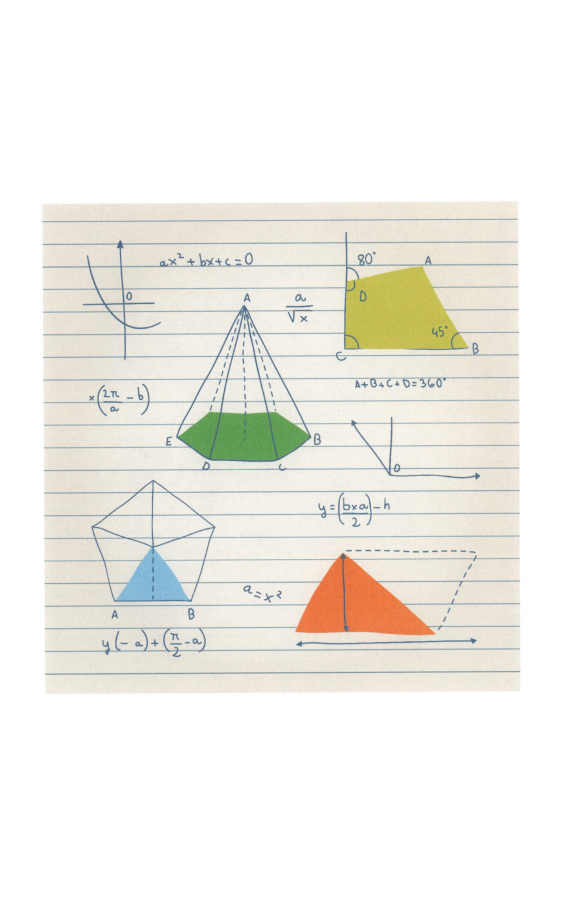

路人说:"我也没那么多 1 卢布的零钱,你们把所有的钱给我,我再加上自己的 1 卢布,这样你们就可以按照原来的计划分钱了,最后把钱包给我就好了。"

农夫们很高兴地同意了。于是那个路过的人把钱全部拿出来,分给席多 $\frac{1}{3}$、卡普 $\frac{1}{4}$、帕风 $\frac{1}{5}$、波卡 $\frac{1}{6}$,然后把钱包自己留下了。

"好的,多谢各位啦!我们都满意了!"说完就骑上马离开了。

"他说谢谢我们是什么意思啊?"四位农夫觉得很奇怪。

"我们来看看全部钞票还有几张就明白了。"卡普说。

他们数了一遍,仍然是 8 张钞票。

"但是,3 卢布的那张钞票去哪儿了?"

"不在我们这里。"

"到底怎么回事?难道他把我们骗了?现在我们快算算损失了多少钱吧!"

"不对!我得到的钱比我想得到的还多!"席多喊道。

"是啊,我也多得了 25 戈比(1 卢布等于 100 戈比)。"卡普接着说。

"这是怎么回事?他给我们的钱为什么比预定的多呢?他还拿走了 3 卢布的那张钞票,我们肯定是上当了。"

请问:农夫们到底捡到了多少钱?路过的人到底有没有骗他们的钱呢?这四个人每人分到多少钱?

7. 分配骆驼

一位老人有 3 个儿子,他临死前想把骆驼分给儿子们,大儿子得到总数的一半,二儿子得到总数的 $\frac{1}{3}$,三儿子得到总数的 $\frac{1}{9}$。老人死后,一共留下了 17 头骆驼。3 个儿子在分骆驼时发现一个问题:17 头骆驼不能被 2、3、9 除尽。兄弟们不知道怎么办才好,于是三人去请教村里的长老。长老带来自己的骆驼,然后按照他们父亲的遗嘱把骆驼分给了 3 个儿子。请问:长老是怎么做到的?

8. 桶里究竟有多少水

一位财主让他的工人做一件奇怪的工作,他说:"我给你 1 只木桶,你只能在里面装半桶水，不能多也不能少，并且不能用其他工具量。"

最后，这个工人顺利地完成了财主安排的工作。请问：他是怎样做到的呢？"

9. 分派卫兵

16 个卫兵在一座城堡的城墙上站岗，小队长将这 16 个人按照如图 23 所示分配，每边各 5 个人。这时中队长前来检查，他想出另外一种分配方法，于是下令把每边改成 6 个人。过了一会儿将军来了，他认为中队长分配的也不够合理，然后将每边改成 7 个人。

卫兵人数始终是 16 个人，中队长和将军是怎样分配的呢？

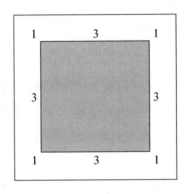

图 23

数学小漫画

? 问：

数学天才帕斯卡说："人类是会思考的芦苇。"据说他还是最早发明计算机的人。这是真的还是假的？

! 答：

真的。这是世界上第一部手动式计算机，虽然它仅能用于加减法的运算，但却为帕斯卡的父亲解决了税务计算这一烦恼。当时帕斯卡只有 18 岁。

注：帕斯卡（1623—1662 年）是法国杰出的哲学家、数学家、物理学家。他年轻时，就通过自己的辛勤钻研，发现了阿基米德几何学定理，在 17 岁时发表了"圆锥曲线论"，并以"帕斯卡定理"而闻名。

10. 被蒙骗的主人

酒窖里有一个正方形酒柜，酒柜被分成9格，四个角落的格子里各放6瓶酒，四边中央的格子里各放9瓶酒，中间那格为了放空瓶，所以不放酒，这样一共有60瓶酒，而且正方形每条边各有21瓶酒（如图24）。

6	9	6
9		9
6	9	6

图24

主人在数有多少瓶酒时，只是数正方形各边酒瓶数量够不够21瓶。仆人发现后，就偷偷拿了4瓶酒，再把剩下的酒排成每边21瓶，主人又来数有多少瓶酒，还是按照之前的方法去数，结果发现每边还是21瓶，他以为仆人把酒瓶的位置变换了，没有怀疑仆人偷酒。仆人见主人没有发现，又偷偷拿了4瓶，剩余的酒瓶仍然排成每边21瓶。请问：如果主人每次都按照这种方法数，仆人能偷到多少瓶酒？

11. 伊凡王子和魔术师

有个王子叫伊凡，他有三个妹妹，他们的父母很早以前就去世了。伊凡自己管理他的国家，把三个妹妹分别嫁给了铜国、银国和金国的国王。几年以后，他非常想见自己的妹妹们，就决定出去找她们。

在半路上，伊凡王子和一个叫艾莉娜的姑娘相遇了，他们都非常喜欢对方，然而有人出来捣乱，有个魔术师强行抢走了艾莉娜，并想娶她为妻。艾莉娜无论如何也不答应，魔术师非常生气，就用法术把艾莉娜变成了一棵白桦树。

为了救出艾莉娜，伊凡王子请求女巫帮忙。女巫很快同意了，并告诉他："想要战胜强大的魔术师，就一定要请铜国、银国和金国的国王在午夜12点和你一起念咒语。"

在临别前女巫把一个魔戒送给了伊凡王子。

"这是一个有魔力的戒指，如果需要开锁或锁紧，只要给魔戒下令就可以了。希望你能成功！"

伊凡王子带着23名士兵去找魔术师，不过很快就被魔术师抓去了，他们被关进一个很深的地窖。

下面看一下他们被关押的地窖：这是一个正方形的地窖，里面有 8 间牢房（如图 25 所示，小方格表示牢房），地窖只有 1 个出口，出口被锁住了。伊凡王子和士兵一共是 24 人，魔术师把他们平均关押在 8 个牢房里。

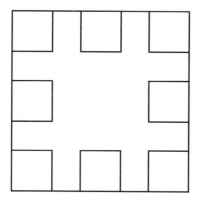

图 25

每天夜里，魔术师都要到牢房里去清点人数，因为他只会从 1 数到 10，所以在检查的时候都是数每边 3 个牢房里关的是不是 9 个人。

然而伊凡王子根本不怕这些困难，他用魔戒把出口的锁打开，派出 3 名士兵分别去铜国、银国和金国求救。为了不让魔术师发现少了 3 个人，伊凡王子将自己和剩余的士兵重新分配，这样每边仍是 9 个人。

到了晚上，魔术师又来到地窖里。他发现士兵们不是待在自己的牢房里，但数每边有多少人，结果仍然是 9，他没有发现人数不对。

不久之后，派出去的 3 名士兵带着铜国、银国和金国的国王一起来到了关押伊凡王子和士兵的地窖里。

正好魔术师在清点人数，伊凡王子就让自己和全部 23 名士兵再加上 3 个国王沿着墙壁每边排列 9 人，又一次成功地把魔术师骗过去了。

到了深夜 12 点，伊凡王子和 3 个国王一起从地窖里出来到魔术师的宫殿门口念咒语，结果艾莉娜变回了原来的样子，大家也顺利地离开魔术师的王国。后来伊凡王子和艾莉娜结了婚，两人从此幸福地生活在一起。

请问：伊凡王子是怎样骗过魔术师的呢？

12. 寻找蘑菇

爷爷和 4 个孙子去森林里找蘑菇，到达森林后大家就开始分头去找。再次集合的时候，大家一共找到 45 个蘑菇，但这 45 个蘑菇都是爷爷自己找到的，4 个孙子 1 个蘑菇也没找到。

其中一个孙子恳求道："爷爷！这样空手回去太丢脸了，能把您的蘑菇分一点给我吗？您找到那么多蘑菇，就分给我几个吧。"

于是，爷爷就把所有蘑菇分给 4 个人，然后大家继续分头找蘑菇。最后，第一个孙子找到了 2 个蘑菇，第二个孙子却弄丢了 2 个，第三个孙子找到的蘑菇和爷爷给的一样多，第四个孙子则把爷爷给的蘑菇弄丢了一半，这时再看大家篮内蘑菇的数量，结果 4 个人一样多。

请问：爷爷是怎样把蘑菇分给 4 个孙子的？最后他们 4 个人一共有多少个？

13. 总共有几个蛋

一位妇人在街上卖鸡蛋，一个行人不小心把装鸡蛋的篮子撞翻了，所有鸡蛋都碎了，行人只能赔偿损失。他问妇人："你一共有多少个鸡蛋？"妇人回答："我也不清楚！我只知道把这些鸡蛋每 2 个一数剩 1 个，每 3 个、每 4 个、每 5 个、每 6 个一数也是剩 1 个，但每 7 个一数就正好数完了。"

请问：妇人最少带了多少个鸡蛋来卖呢？

14. 调回正确的时间

彼得和伊凡两家住得不远，每人家里各有一个挂钟。一次，彼得忘了给自己的挂钟上发条，结果挂钟不走了。彼得说："我去伊凡家里看看现在是什么时间。"说完后就到伊凡家里去了。回家后，彼得将自己的钟又调回了正确的时间。

请问：彼得是怎样做到的？

15. 猜猜看，被墨覆盖的数字是什么

在一个账本上面写着如图 26 所示的记录。

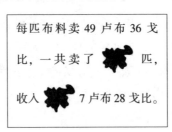

每匹布料卖 49 卢布 36 戈比，一共卖了 ▉ 匹，收入 ▉7 卢布 28 戈比。

图 26

由于这项记录的很多数据被墨水沾到，所以卖出去的布料总数和收入里的前三个数看不清了。请根据现有的资料，计算出被墨水覆盖的数字是什么。

数学小漫画

 问：

数学大师高斯小时候就展现出了惊人的数学天赋，在上小学二年级时，老师问他："从1加到100，最后结果是多少？"没想到他很快就回答说："5050！"他是这样计算的：

$1 + 2 + 3 + \cdots + 99 + 100$ Ⓐ

这样逐一加下去任何人都会计算，但

他又再写出另一数列：

$100 + 99 + \cdots + 3 + 2 + 1$ Ⓑ

然后Ⓐ + Ⓑ，得出

$101 + 101 + \cdots + 101 + 101$

 答：

101×50。

Ⓐ + Ⓑ为 $101 + 101 + \cdots + 101 + 101$ 共加 100 次，最终结果只有这个式子和的一半，所以答案是 101×100 除以2，即 $101 \times 50 = 5050$。小小年纪就能想出这么简单的方法，高斯不愧是数学天才。

16. 一群士兵

21 个士兵来到一家小吃店吃饭，小吃店一共有 4 张桌子，每张桌子都靠着一面墙。每张桌子可以坐 7 个人，3 张桌子刚好坐下 21 个士兵，老板自己坐剩下的那张桌子（如图 27 所示，短线代表士兵和老板）。吃完饭后，士兵们对老板说："我们一共有 22 个人，按照顺时针的方向数，每数 7 个人，那 7 人就不用付钱，最后剩下谁谁就来付账。"结果，老板是最后剩下的那个人，士兵们没有付账都离开了饭店。请问：要从哪里开始数才会出现这样的情况？

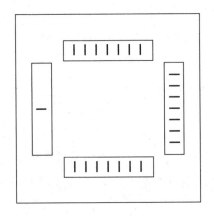

图 27

在 3 张桌子每张各坐 4 名士兵的时候，还是老板最后一个剩下，又应该从哪里开始数？

17. 赌注

一个乘客对马夫说："我觉得你现在就应该开始准备出发了。"

马夫回答："还有半个小时呢，这些时间足够我把马绑上又解开 20 回！"

"你的马车需要几匹马来拉？"

"5 匹。"

"多久才能把这些马系好？"

"不超过 2 分钟。"

乘客很惊讶地说："这么快的速度，真是难以置信。"

车夫一脸骄傲，他把马牵出来，又拿出一堆马具，只见他在马车旁快速地工作，很快就把所有工作做好了。

"真厉害。"乘客相信了马夫的话，但他又说，"如果把所有的马挨个解开、绑住，你至少需要两个小时。"

"不可能！"马夫立刻反驳，"你是说绑好一匹马之后再解开，然后换另一匹吗？不管怎样，我肯定用不了多久就能完成！"

乘客说："如果你在一分钟之内就能换 1 匹马，那么，我把这 5 匹马按照所有可能出现的顺序排列，你还有信心很快完成任务吗？"

马夫连想都没想就喊道："没问题，我绝对能在一小时内做完。"

乘客说："如果真的像你说的那样，我就给你 100 卢布。"

马夫说："好！如果我做不到，这次载你我不收钱！"

你们知道最后谁输谁赢吗？

18. 谁是谁的妻子

伊凡、彼得、亚力克带着他们的妻子去买东西，他们的妻子分别是玛丽亚、卡狄莉娜和安娜，但我们不知道谁和谁是夫妻，已知下列条件：这 6 人都购买了东西，且每人买的东西数量的平方就是花的钱数，每个丈夫花的钱数减去 48 戈比就是妻子花的钱数，伊凡比卡狄莉娜多买了 9 件东西，彼得比玛丽亚多买了 7 件东西。

请问：这 6 个人里谁和谁是夫妻？

数学小漫画

 问：

$$\sqrt[3]{6064321219}$$
$$\approx 1823.591$$
1823 是年代，
0.591 表示月日。

一个学生给老师写信，末尾的日期如右图所示。请问：这一天是几月几号。

提示：它表示的意思是 1 年的 0.591？

 答：

8 月 4 日。

1 年的 0.591 就是 365 × 0.591 ≈ 216 日。

1823 年是平年。这一年的第 216 天便是 8 月 4 日，所以写信的日期是 1823 年 8 月 4 日。

数学小漫画

问：

怎样才能一笔画出下面这个图形呢？

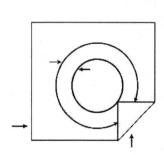

答：

先画出小圆，把纸如图所示折叠一下，就可以画出外面的圆了。

七、折纸的问题

我们都玩过有趣的折纸游戏，但你们可能没有注意到，做这个游戏除了能折出很多有趣的图案外，我们还可以更清楚地了解这些图案的特性。只要拿几张常见的白纸，再准备把剪刀，就可以学习很多基本的几何知识了。

大家都遇到过这样一种情况：在把一张纸对折起来的时候，用手指捏住重叠两点，然后把皱折压平，就会出现一条直线。这是为什么呢？这种现象可以用几何学里的一条定理来解释，即与固定两点之间距离相等的所有点的集合就是一条直线。很多几何学里的问题都可以用这个定理解释。

1. 长方形的做法

如何用剪刀把一张形状不规则的纸剪成长方形？

2. 正方形的做法

如何把一张长方形的纸折成正方形？

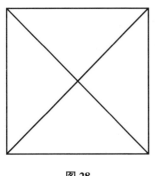

图28

下面我们来了解一下正方形有哪些特点。把两个相对顶点之间的连线折起来，这条线就叫作对角线，把另外两点之间的连线也折起来，另一条对角线也出来了（如图28）。仔细观察这2条对角线，我们会发现它们是互相垂直平分的，这两条对角线交会的地方就是这个正方形的中心。

把一个正方形沿一条对角线折起来后会得到2个一样大的三角形，且这2个三角形是全等三角形。每个三角形都有2条相等的边，这样的三角形叫作等腰三角形。因为这2个三角形都有一个角是直角，所以它们也叫作等腰直角三角形。

把一个正方形沿着 2 条对角线折叠就会得到 4 个等腰直角三角形，它们共同的顶点就是这个正方形的中心。

把一个正方形对折，使上下两部分完全重合，就可以看到一条折线（如图 29）。这条折线有什么性质呢？①垂直平分正方形被折叠的两条边；②和没有被折叠的那两条边平行；③这条折线的中点和正方形的中心重合；④正方形被这条折线分割成两个全等的长方形；⑤这两个长方形的面积和对角线分割出来的两个三角形的面积相等。沿着这条折线再对折一次，就会得到 4 个全等正方形（如图 29）。

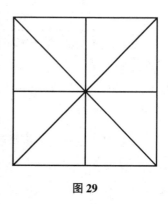

图 29

把正方形的 4 个角沿着 4 个小正方形的对角线向中心对折，折出来的小正方形就叫作大正方形的内接正方形（如图 30）。它的中心和大正方形的中心重合，面积是大正方形的一半，这一点很容易看出。把内接正方形 4 条边的中点连起来，又得到一个面积是大正方形面积 $\frac{1}{4}$ 的小正方形（如图 31）。

按照刚才的方法，在这个小正方形里再做一个内接正方形，它的面积就是大正方形面积的 $\frac{1}{8}$，继续这么做下去，可做出无数个有共同中点的正方形。

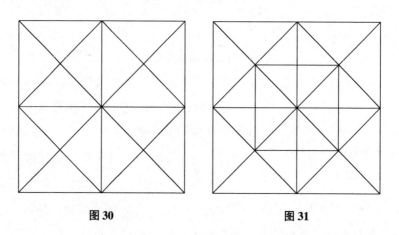

图 30   图 31

通过正方形的中心，不通过 4 个角随意画一条折线，这条折线可以把正方形分割成两个全等的梯形或长方形。

3. 等腰三角形的做法

如何用一张正方形的纸折出等腰三角形？

4. 正三角形的做法

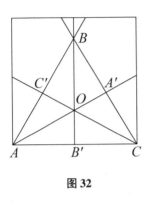

图 32

用正方形的纸折出一个正三角形。

下面我们看看正三角形有哪些特点。把这个正三角形沿着三条边的中点折叠，可得到 3 条折线：AA'、BB'、CC'（如图 32）。

通过图 32 我们会发现正三角形的一个特点：每条折线都垂直平分对应边，这个三角形也被分为 2 个全等的直角三角形；此外，这 3 条折线通过同一点。

我们把这 3 条折线的交点命名为 O，直线 BO 的延长线与 AC 相交于 B'，线段 BB' 也是三角形 3 条垂线之一。通过观察三角形 $C'OB$ 和三角形 BOA' 就能证明这一点。

首先 $|OC'|=|OA'|$，所以角 $A'BO$ 等于角 OBC'，于是可以知道在三角形 $AB'B$ 和三角形 $CB'B$ 里，角 $AB'B$ 和角 $CB'B$ 都是直角，所以 BB' 是垂直于 AC 边上的垂线，同时也是三角形的垂线。

同理，OA、OB 和 OC 3 条线是相等的，那么 OA'、OB' 和 OC' 3 条线也相等。

以 O 为圆心画两个圆，一个通过 A、B、C 3 个点，另一个通过 A'、B'、C' 3 个点，通过 A'、B'、C' 3 个点的圆与三角形 ABC 的各边相切，这个正三角形 ABC 可分为有相同顶点的 6 个全等直角三角形。

三角形 AOC 的面积是三角形 $A'OC$ 的 2 倍，

于是 $|AO|=2|A'O|$

同理 $|BO|=2|B'O|$

$|CO|=2|C'O|$

因此，通过 A、B、C 三点这个圆的面积是通过 A'、B'、C' 三点这个圆面积的 2 倍。也就是说，三角形外接圆的直径是内切圆直径的 4 倍。

此外，直角 A 被 AO 和 AC' 分割成 3 个一样大的角，所以角 BAC 是直角 A 的 $\frac{2}{3}$，角 $C'AO$ 和 OAB' 是直角 A 的 $\frac{1}{3}$。

以点 O 为共同顶点的 6 个角也都等于直角 A 的 $\frac{2}{3}$。

把纸沿 $A'B'$、$B'C'$、$C'A'$ 3 条直线来折叠（如图 33），就可以看出三角形 $A'B'C'$ 同样是一个正三角形，它的面积是三角形 ABC 的 $\frac{1}{4}$；$A'B'$、$B'C'$、$C'A'$ 3 条线分别和 AB、BC、CA 3 条线平行，并且长度是它们的 $\frac{1}{2}$。此外，$AC'A'B'$、$C'BA'B'$ 和 $CB'C'A'$ 都是平行四边形。至于 CC'、AA'、BB' 这 3 条垂线则分别被 $A'B'$、$B'C'$、$C'A'$ 3 条线垂直平分。

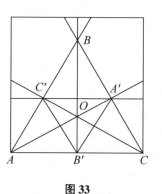

图 33

5. 正六角形的做法

如何用一张正方形的纸折出正六角形？

折出正六角形后，我们再进一步研究这个图形。

如图 34，由正三角形和正六角形很容易折出来。

首先，把一个正六角形的 6 条边分成 3 条相等的线段，把相应的点连接起来后，就会得到很多全等的正六角形和正三角形（如图 35）。

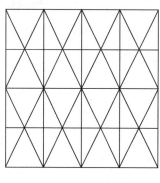

图 34

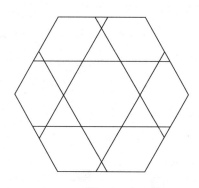

图 35

还有一种作正六角形的方法，那就是把正三角形的 3 个顶点向中心折。

如果对正三角形的概念比较熟悉，那么我们很快就会发现得到的正六角形的边长是原来正三角形边长的 $\frac{1}{3}$，面积是原来正三角形面积的 $\frac{2}{3}$。

6. 正八角形的做法

如何用一张正方形的纸折出正八角形？

数学小漫画

问：

我们都知道，偶数能被 2 除尽，奇数被 2 除后余 1。

那么，0 应该算奇数还是偶数呢？

答：

是偶数。

注：0 应该算偶数，因此偶数应该是……，−4，−2，0，2，4，……

7. 特殊证明

三角形其中一个性质是三个内角之和是180°，这个定理用一张纸就能证明。

我们这里说的"证明"其实并不准确，确切的说法应该是"用简单的实物说明"。不管怎么说，这都是一种对启发思维很有帮助的方法。

先用纸随意裁出 1 个三角形（如图 36），然后沿着直线 AB 折一次，让 BE 和 BF 两条线重叠，再沿着 AB 的垂直平分线 CD 对折一次，让 A 和 B 两点重叠，最后把三角形 ABF 和三角形 ABE 分别沿直线 DH 与 CG 折叠，点 E 和点 F 分别与点 B 重合，这样我们就得到长方形 CGHD，三角形的 3 个内角（∠1、∠2、∠3）加一起就是180°了。

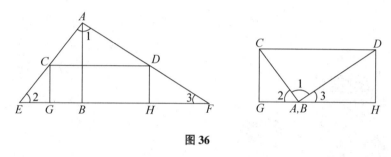

图 36

这种方法非常简单，只要是接触过几何知识的人就会很容易看懂，而且这种方法也非常有趣。

8. 勾股定理

请证明：分别以直角三角形两条直角边长度为边长的两个正方形的面积相加等于以斜边长度为边长的正方形的面积。

图 37 是一个直角三角形，然后画出 2 个边长等于图 37 的 2 条直角边长度的正方形，再画出图 38 与图 39 所示的 2 个完全相同的正方形，并按照图中所示抠掉 4 个一样大的直角三角形。2 个正方形是一样大的，从它们中去掉相等的部分后，剩下的部分也是相等的。在图 38 里，剩下的两部分恰好是两个大小不等的正方形，小正方形的边长等于直角三角形那条短的直角边，大正方形的边长等于直角三角形那条长的直角边；在图 39 里，剩下的部分是一个正方形，它的边长等于直角三角形的斜边长度。所以，图 38 里 2 个正方形的面积

相加就等于图 39 里正方形的面积。

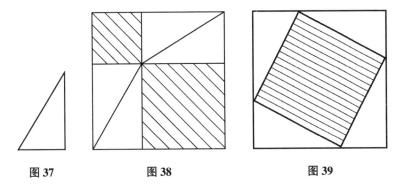

|图 37|图 38|图 39|

这就是勾股定理的证明过程。另外还有很多证明方法，如图 40 所示，这种方法也能证明勾股定理的成立。

在这幅图里，三角形 *GEH* 是直角三角形，以 *EG*、*GH* 为边长所作的两个正方形，它们的面积之和等于以 *EH* 为边长所作的正方形的面积。

9. 怎样裁

除折纸外，裁纸也能产生很多值得思考的问题。

图 41 是 3 个相等的正方形，裁去一部分后，把这部分和剩下的部分重新组合，就会变成一个中央有小正方形孔的正方形。

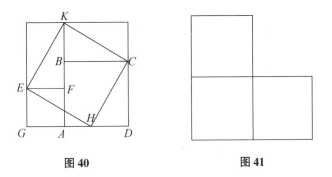

|图 40|图 41|

10. 将长方形变成正方形

有一张长为 9、宽为 4 的长方形纸，把它割成 2 块一样的图形，这 2 块图形合起来后就会变成一个正方形。

11. 地毯

图 42 是一块长为 120 厘米、宽为 90 厘米的长方形地毯，画斜线的部分是

被磨损坏了的，主人请来工人帮忙剪掉损坏的部分，但他要求把没有损坏的地毯分成 2 块，然后再拼合成一块长方形的地毯。按照主人提出的条件，工人把剩下的地毯又恢复成为长方形。

请问：这个工人是怎么做到的呢？

12. 两块地毯

某人家里有一大一小 2 块地毯，这 2 块地毯的格子图案是一样的。小块的长和宽都是 60 厘米（图 43），大块的长和宽都是 80 厘米。他想用这一大一小 2 块地毯做一块长和宽都是 100 厘米的地毯，于是他找来工人帮忙。并且告诉工人，每块地毯最多可以被裁成 3 块，而且地毯上的格子不能被破坏，工人要怎么办才能完成呢？

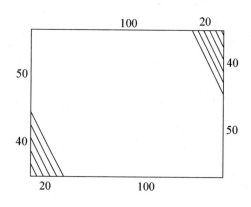

图 42

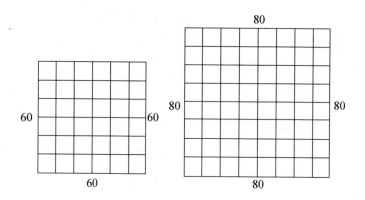

图 43

13. 玫瑰图案的地毯

图 44 是一块有 7 朵玫瑰花的地毯，在只能裁剪 3 条直线的情况下，怎样才能把它分成 7 块，并且使每一块上面都有 1 朵玫瑰花呢？

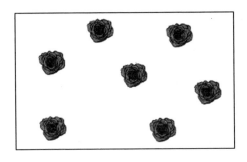

图 44

14. 将正方形分成 20 个全等三角形

把一块正方形的纸裁成 20 个全等的三角形，这 20 个全等的三角形又能合并为 5 个一样大的正方形。

15. 由十字形变成正方形

5 个相等的正方形所组成的图形，分割成几部分才能组成一个大的正方形？

16. 把 1 个正方形变成 3 个相等的正方形

把 1 个正方形分成 7 个部分后，再把这 7 个部分拼成 3 个一样大的正方形。

类似的问题还有很多，可以用一句话概括：把 1 个正方形分解成几块后，再把这些小块合并为几个一样大的小正方形。

17. 将 1 个正方形变成 2 个大小不同的正方形

如何用 1 个正方形作出 2 个大小不同的正方形？要求：①只能把这个正方形分成 8 个部分；②作出的大正方形面积是小正方形面积的 2 倍。

18. 将 1 个正方形变成 3 个大小不同的正方形

如何用一个正方形作出 3 个大小不同的正方形？要求：①只能把这个正方形分成 8 个部分；②作出的 3 个正方形的面积比为 2∶3∶4。

19. 将六角形变成正方形

如何用一个六角形作出一个正方形？要求：只能把这个六角形分成 5 个部分。

数学小漫画

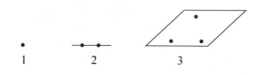

1   2   3

 问：

1 个 ● 是点，2 个 ● 之间可以画一条线，3 个 ● 可以成为一个平面，如果有 4 个 ●，可以成为什么？

答：

成为立体图形。

八、图形的魔术

1. 遁形线之谜

　　如图 45 所示，在一张长方形的纸上画出 13 条平行且相等的线段，这些线段之间的距离也要相等，再按照图中的线段 MN 把长方形分成两部分。把这两部分按图 46 那样移动一格，我们就会发现少了 1 条线，这是怎么回事？

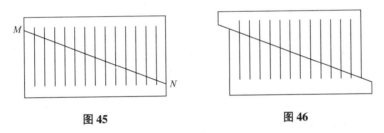

图 45　　　　　　　　　　　　　图 46

　　如果仔细测量一下上面 2 幅图中直线的长度，我们就会知道移动后的线段长度比移动前的线段长度多 $\frac{1}{12}$。也就是说，少了的第 13 条线被平均分成了 12 个部分，剩下的 12 条线每条分得了 $\frac{1}{12}$。其实，这种现象也可以用几何学的原理解释。直线 MN 和平行线相交后，在上方形成了一个夹角，平行线横断角的内部，然后和角的两边相交。由于三角形相似，直线在第二条线上切掉 $\frac{1}{12}$，第三条线上切掉 $\frac{2}{12}$……直到第 13 条线，每条都比前面 1 条增加 $\frac{1}{12}$。按照图 46 的方法移动后，从第二条以后的每条线被切掉的部分，会加在前面那条线上，被切掉的线比原来增加了 $\frac{1}{12}$，由于增加的部分不是那么显眼，所以看上去好像少了 1 条线。

为了更清楚地说明这种现象，如图 47 所示，把一张纸裁开，再把所有线段一圈，然后转一下圆周，也会出现 1 条线消失不见的现象（如图 48）。

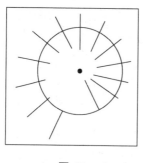 

图 47　　　　　　　　　　　图 48

2. 马戏团的舞台

和上一题原理相同，下图也是一个很好玩的游戏。

把这个舞台按照图中箭头标识的方向旋转后，就会发现有一个小丑不见了！

通过上一题我们就不会困惑了，消失的那个小丑和第 13 条线一样，只是被"融解"在了 2 个同伴之间而已。

把图 a 和图 b 剪下来贴在另一张纸上，然后再把图 c 剪下来，同时也把中央的长方形图顺沿线段 MV（图 d）切开。

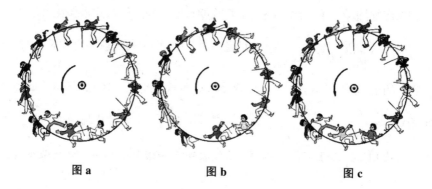

图 a　　　　　　　　　　图 b　　　　　　　　　　图 c

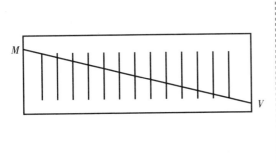

图 d

3. 巧妙的修补

一艘船破了一个长为 13 厘米、宽为 5 厘米的长方形破洞，这个破洞的面积为 $13 \times 5 = 65$（平方厘米）。修船的工人找来一块边长为 8 厘米的正方形木板，木板的面积是 64 平方厘米。他按图 49 把木板分割为四部分，又按照图 50 所示重新黏合，再用这块新木板堵住了破洞。简而言之，这个工人把面积为 64 平方厘米的木板改成了面积为 65 平方厘米的木板。在没有添加其他材料的情况下，工人是怎么做到的？

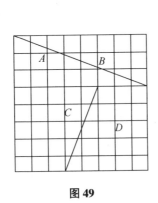

图 49

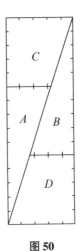

图 50

4. 另一种魔术

有一个边长为 8 厘米、面积为 64 平方厘米的正方形木板，按照图 51（a）

所示的方法分成三部分，把这三部分按图 51（b）所示的方法组合起来，就作出了一个面积为 $7 \times 9 = 63$（平方厘米）的长方形。这是怎么回事呢？

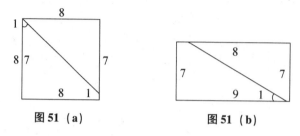

图 51（a）　　　　　　图 51（b）

5. 类似的问题

如图 52 所示，把 1 个宽为 11 厘米、长为 13 厘米的长方形沿着对角线切开，再按照图 53 所示那样移动，这样的话移动后的图形看起来就变成了边长为 12 厘米、面积 144 平方厘米的正方形 VRXS 和两个面积各为 0.5 平方厘米的三角形 PQR 与 STU，整个图 53 的面积应该是：

$$144 + 2 \times 0.5 = 145（平方厘米）$$

可是，图 52 的长方形面积是：

$$13 \times 11 = 143（平方厘米）$$

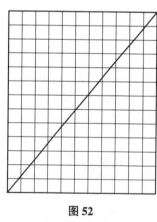

图 52

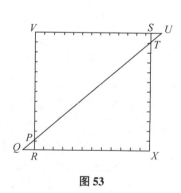

图 53

这是怎么回事？

6. 如果有一条足够长的绳子，能够绕地球赤道一周，另外用一根线绕一个柑橘一周。当我们把绕地球的绳子和绕柑橘的线各加长 1 米后，绳子和线就会在地球和柑橘之间产生一些空隙。请问：这两个空隙哪个大？

数学小漫画

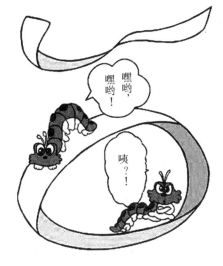

嘿哟，嘿哟！

咦?!

问:

细长的纸带扭转一次是如图这条有趣的带子，叫作"莫毕士带"。它是用来干什么的呢?

① 为证明宇宙是扭转的。

② 只是好玩。

③ 作为无法明确方向的曲面例子。

答:

③ 作为无法明确方向的曲面例子。

在莫毕士带上任意一点开始画线，我们会发现这个带子两面都能画出线。是不是让你联想到二维空间或三维空间了呢?

九、猜数字游戏

这个游戏是什么意思呢？

其实，这是一个答题游戏，和猜谜是有区别的。你先让对方想一个数字，但不要告诉你这个数字是什么，然后让对方按照你的要求用这个数字进行一系列运算，当然运算方法要由你来规定。计算完毕后，让对方告诉你最终答案，你就能根据这个答案猜出他想的那个数字是什么了，是不是很神奇？

经常玩这类游戏，快速心算的能力会得到很大提高。在设定问题的时候，可以考虑对方的实际情况，来决定问题的难易程度。只是说游戏本身是很枯燥的，下面我们就用一些具体的例子来说明。如果你觉得"说明"很难理解，那就直接从问题开始；如果能得出答案，那么就可以依据自己的能力解决所有问题。

我们在这里说的很大一部分是问题中不太有趣的构架部分，你们可以参考题目中已知的条件，再加上自己的想象去实际应用。

1. 猜数字

把 1～12 这 12 个数字排成一圈（如图 54 所示），就可以进行猜数字游戏了。

这个游戏里的数字也可以用钟表来代替，让对方随意想一个时间，我们怎样才能猜出他想的那个数字是什么呢？

先让对方想一个数字，然后你在圆盘上随意指出一个数字，并把这个数字加上 12，把得到的结果告诉对方。然后让对方从刚才想的那个数开始数，一直数到你刚才说出的那个结果，同时，从你在圆盘上指出的那个数开始，顺时针方向往下数。最后数到哪里，他刚才想的数就是几。

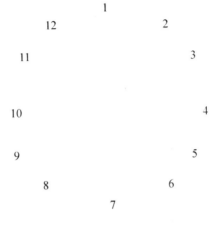

图 54

比如对方想的数字是 5，你在圆盘上指出的数字是 9，你要先把 9 加上 12（结果是 21），然后对他说：

"从你刚才想的那个数开始默数到 21（即从 5 数到 21），同时还要从 9 开始，用手指按顺时针方向去数上面的数字，当数到 21 时就把手指停在那个数字上。"

对方若是按照你的要求去做，最后手指停下的地方就是他最开始想的数字。这个游戏我们还可以玩得更有趣一些。

还是让对方先想一个数字（假设是 5），你给出的是 9，把 9 加上 12 后对他说：

"我现在开始打拍子，从你想的那个数开始，我每拍一下你就把这个数字加 1，加到 21 的时候你再告诉我好不好？"

然后你一边打拍子一边按照 9，8，7……1，12，11 的顺序默数，对方心里想的是 5，6，7……的顺序，当他加到"21"的时候，你心里默数的数字就是 5。

当你把"5"这个答案告诉他的时候，他一定会很惊讶的。

2. 还剩下多少

你让对方每只手里都握住相同数量的东西，并且要求他每只手里的东西数

量不能少于 b，但这个数字不能告诉你。然后你让他把右手里的东西拿出一些放在左手里，假设拿出的数量为 a（a 要小于 b）。接下来让他从左手里减去和右手里所剩余数目相同的数目，最后再把右手里剩下的东西全部放下，当然整个过程不能让你看见。这时，你就能知道他左手里剩下东西的数量有 $2a$ 个。为什么？

3. 差是多少

让对方想一个两位数的整数，然后把这个数的个位和十位调换一下，再将这两个数相减的结果的个位数告诉你，你就可以知道他想的数是什么了。

4. 商是多少

你先说出一个两位数的整数，让对方在这两个数中间随意插进一个整数。然后把这个三位整数的百位和个位上的数互换一下位置，再用这两个数相减，你就可以立刻算出所得差一定会被 9 整除，还会算出除以 9 之后的商是多少。

5. 数字 1089

在一张纸上写下数字 1089，再把这张纸用信封封好。然后让对方在信封上写下任意一个三位数，这个三位数的百位和个位之差一定要大于 2。然后把百位和个位数字调换，二者相减得到 1 个新的三位数，再将这个三位数的百位和个位互相调换，把调换后的结果加到差上，然后得出答案。这时你会发现对方算出来的数字正好是信封里写的那个数字，即 1089。

6. 所设定的数字是什么

让对方想一个数字，然后经过以下运算：乘以 2、加 5、再乘以 5、加 10、再乘以 10，最后把结果减去 350。最终结果除以 100 就是对方最开始想的那个数字了，这是为什么？

假如他想的数字是 3，乘以 2 后是 6，加 5 得 11，再乘以 5 后是 55，再加 10 得 65，65 再乘以 10 后是 650，最后减去 350 得 300，把 300 除以 100 后等于 3。所以，他最初想的那个数字是 3。请问这是什么原因？

7. 神奇的数字表

把 1 至 31 做成下面这样的表格，我们就可以做一个很有意思的游戏。

我首先让对方想出任意一个小于 31 的数字，然后把这个数在这个表格里的哪些行、列里出现告诉我，我就能猜出他想的数字是什么。

假如他想的数字是 27，然后告诉我这个数在这个表格里的左起第一、第二、第四、第五列，我不用看这个表格就能立刻说出这个数字是 27。

5	4	3	2	1
16	8	4	2	1
17	9	5	3	3
18	10	6	6	5
19	11	7	7	7
20	12	12	10	8
21	13	13	11	11
22	14	14	14	13
23	15	15	15	15
24	24	20	18	17
25	25	22	22	19
26	26	22	22	21
27	27	23	23	23
28	28	28	26	25
29	29	29	27	27
30	30	30	30	29
31	31	31	30	31
16	8	4	2	1

也可以把这个表格贴在扇子上做游戏，具体玩法如前所述，这是什么原理？

8. 偶数的猜法

首先让对方想一个偶数，然后进行下列运算：乘以 3、除以 2、再乘以 3、最后再除以 9，然后就可以知道他想的那个数是什么了。

假如他想的数字是 6，乘以 3 得 18，除以 2 得 9，9 乘以 3 得 27，27 除以 9 得 3，原来的数字正好是 3 的 2 倍。

如果他想的数是一个奇数，同样可以做这个游戏，只是方法稍有不同。奇数乘以 3 后，无法被 2 整除，要把乘以 3 后的结果加上 1 再除以 2。接下来就和偶数时一样了，只是最后一步时要把结果加上 1。

假如他想的数字是 5，按照刚才的算法，除以 9 之后等于 2。最后，把 2

乘以 2 再加上 1，就能算出他想的数字是 5。

当对方想的数字是奇数时，乘以 3 后他就会问："乘以 3 之后除不尽怎么办？"你可以让他加 1 后再除，最后你说答案的时候也要加 1。你也可以先问他乘以 3 后能否被 2 整除，但你要让他明白，你这么问的原因是方便他计算。

数学小漫画

 问：

1 千米和 1 海里哪个长？

 答：

1 千米是 1000 米，1 海里的长度是地球中心角 1 分的地球表面距离，大约是 1852 米，所以 1 海里长。

9. 前题的变化形式

让对方把想象的数乘以 3，再除以 2。如果除不尽，就要把积加上 1 再除以 2，得到的商乘以 3 后再除以 2。在除不尽的情况下，一定要先加上 1 再除以 2。再把得到的结果除以 9，除以 9 再乘以 4 后，如果在第一次除不尽时加了 1，那么一定要把 1 记下来；如果在第二次除以 2 时又因为除不尽而加上了 1，那么一定要把 2 记下来；这两次都是在加 1 后才能被 2 整除，那么最后乘以 4 之后还要加 3。也就是说，只在第一次除不尽加 1，只在第二次除不尽加 2，两次都除不尽加 3。

如果他想的数字是 7，乘以 3 后是 21，除以 2 除不尽，要先加 1 变成 22，22 除以 2 得 11，11 乘以 3 得 33，33 加 1 得 34，34 除以 2 得 17，由于 17 里面只有 1 个 9，所以用 1 乘以 4 得 4，由于除不尽加 1 的次数是两次，所以 1 乘以 4 后还要加 3。于是 4 + 3 = 7，他最开始想的那个字数就是 7。

10. 又一种变化形式

让对方把他想的那个数字加上这个数字的一半，然后把和再加上和的一半，然后让对方把最后的结果除以 9，告诉你商数是多少，接下来就和前面的题一样了。需要注意的是，这个游戏同样需要记住这两次加上一半的步骤在除以 2 时有没有加 1，第一次加 1 就记下 1，第二次加 1 就记下 2，两次都加 1 就记下 3，把最后的结果加上 1，2 或 3，一样可以算出他最开始想的那个数字是什么。

如果他想的数是 10，加上 10 的一半等于 15，15 无法被 2 整除，所以要加 1 再除以 2，于是把 15 加 8 等于 23，23 里有 2 个 9，用 2 乘以 4 等于 8。在第二次加上一半的时候我们加了 1，所以要把 8 加上 2，他最开始想的那个数就是 10。

把一个奇数除以 2 肯定除不尽，最接近的结果是 1 个数比另外一个数大 1，设定前者是大的一半，后者就是小的一半，这个游戏还可以有更好的玩法。

如果对方想的数是偶数，加上一半就比较容易了；但这个数要是奇数，就需要把刚才所说的"大的一半"加上，加过之后是可以被 2 整除，就直接加上这个偶数的一半，加过之后不能被 2 整除，这时候加上的仍然是这个奇数

"大的一半"。这样的话，得数里到底有几个9呢？

把除以9后的商乘以4后，问对方以9除后余数是不是8，就会出现以下几种情况。

① 正好是8。想要知道他想的数字是什么，就要把商乘以4，再将得到的数加3。

② 余数不是8但是大于5，这时需要在最后加上2。

③ 余数小于5但是大于3，这时需要在最后加上1。

这其实很好理解，最后的步骤和前面说的题目本质上是一样的，因为一个数在乘以3，然后除以2的时候，和把这个数加上自己一半是一回事。如果对这些题理解透彻，我们就可以自己创造一些猜数字的问题。

例如把一个数经过如下运算：乘以3、除以2、乘以5、除以2、再除以15，看看结果是多少。把这个结果乘以4，然后就和之前说的一样了，把乘以4所得的结果依次加上1，2或3。

另外，还可以把一个数进行如下计算：数乘以5、除以2、乘以5、再除以2、最后除以25。把商乘以4，然后根据前面除以2的情况相应加上1，2或3。需要注意的是，如果每次都被2除尽，最后就不用加任何数字了。

总之，大家可以自己来证明这些游戏，或者创造新的问题。

11. 另一种方式

和前面几个问题的步骤一样，把这个数乘以3，除以2（也可以用"大的一半"），乘以3，除以2（这里也可以用"大的一半"），然后不要用这个结果除以9了，而是从结果里选出随意一个数，把剩下的告诉解答问题的人。如果这个数里有0，那么也要告诉他。需要注意的是，公布的数字与保留的数字都要说明是哪一位数。

为了知道对方想的数字是什么，解答问题的人就要把对方说的这些数字加在一起再减去9，直到不能再减为止，结果和9差几，被保留的那个数就是几。当他想的那个数是在两次乘以3除以2的过程中都能被整除，就可以按照前面的方式来计算了。

如果在第一次除以2时必须加1，就需要给对方说出来的数字和上加6再

进行计算；只有在第二次除以 2 时必须加 1，就需要给对方说出来的数字和上加 4 再进行计算；如果两次除以 2 都必须要加 1，在所得数字总和上加 1 就可以了。

通过这种方法，我们就会知道最后除以 2 得到的数字中被保留的数字。同时也能知道除以 2 之后商是多少，然后把这个数除以 9 再乘以 4，相应加上 1，2 或 3，就会得到我们想要的结果了。

用一个简单的例子来解释：他想的这个数是 24，经过两次乘以 3 除以 2 后的结果是 54，如果对方告诉你十位数是 5 而保留了个位数，用 9 减 5 得到 4，个位数字就是 4。所以，我们就知道他想的那个数经过一系列计算的结果是 54 除以 9 等于 6，所以他想的那个数字就是 $4 \times 6 = 24$。

我们可以再换一个数字来解释：假如这个数是 25，经过两次乘以 3 除以 2 后的结果取 57。在第一次计算时他加 1 了，所以在他告诉你十位数字 5 时，你就要给 5 加上 6 再除以 9。因为余数是 2，所以这个运算结果的个位数字是 7，然后再将 57 除以 9 得到 6，所以他想的那个数字就是 $4 \times 6 + 1 = 25$。

如果对方经过计算后，得到一个三位数，其中十位数是 1，个位数是 3，在第二次加上 1 后才被 2 整除，这时就需要用 $1 + 3$ 再加上 4，结果是 8，用 9 减去 8 得 1，我们就可以知道百位数上的数字是 1 了。然后再用 113 除以 9，得数取 12，所以他想的那个数字就是 $4 \times 12 + 2 = 50$。

如果对方告诉你计算后百位上的数字是 1，个位上的数字是 7，而且两次计算的时候都加了 1。如前所说，一定要 $1 + 7 + 1 = 9$ 才可以，9 减 9 等于 0，所以对方没告诉你的那个数字是 9，这个三位数就是 197。然后再用 197 除以 9，得数取 21，所以他想的那个数字就是 $4 \times 21 + 3 = 87$。

这是什么原因？

12. 其他的方式

下面介绍一种别的方法，这种方法看起来很难，但实际上很容易。

先让对方想一个数字，然后用任意一个数来乘以他想的这个数，再把结果除以任意一个数，最后把结果再乘以任意一个数。虽然每次都是乘以或除以任意一个数，但必须让他告诉你乘以或除以的这个数是几。

　　对方在计算的同时，你也要选任意一个数字，然后按照和对方一样的方式去乘以或除以任意数。算完之后，你和对方都要把得到的结果除以自己最开始想的那个数，你们得到的结果应该是一样的。接下来让对方把结果和想的数相加，告诉你相加的结果，然后你用这个结果减去你通过计算得到的商（这个数字和对方得到的商是一样的），它们之间的差就是对方想的数。

　　例如对方想的数字是5，他把这个数乘以4、再除以2、乘以6，最后除以4得到的结果是15。与此同时，你也选了一个任意的数字，也把这个数乘以4、再除以2、乘以6、最后除以4。假设你选的这个数是4，经过计算等于12。这时对方虽然没有告诉你他把最后的结果除以所想的数后得到的商是3，你也可以自己计算出来，因为你得到的结果是12，所以用12除以你选的那个数字（即4），就会得到和他一样的答案3。最后你让他把最开始想的那个数和刚才经过计算得到的结果（即3）加在一起告诉你，他肯定会说是8，你再用8减去3，所得的数字是5。所以他想的那个数字就是5了。

数学小漫画

 问：

一场马拉松比赛要跑 42.195 千米，请问，这个数字的起源是什么？

①希腊的马拉顿至雅典的距离。

②第一届奥运会举行时采用的距离。

③第八届巴黎奥运会决定的距离。

 答：

③第八届巴黎奥运会决定的距离。

注：公元前 5 世纪左右，波斯攻打希腊，实力较弱的希腊打败了强大的敌人，为了让祖国的人民早点获知胜利的消息，一位士兵从前线跑回雅典报告。他回到雅典后刚说完胜利的消息，就由于劳累而死去了。为了纪念这个士兵，第一届奥运会就把马拉松列为正式比赛项目，当时的距离是 35.750 千米。

第四届伦敦奥运会又对比赛距离做了重新规定，确定马拉松线的距离是 42.195 千米，这也是从温莎宫殿到比赛场英国女王座位前的距离。

第八届巴黎奥运会时，正式确定马拉松比赛的距离为 42.195 千米，这个距离一直沿用至今。

13. 猜数字

Ⅰ. 让对方想出一组数字，这组数字的个数必须是奇数，如 3 个、5 个或 7 个，让他把这组数字里所有的数依次两两相加，一直加到最后一个数和第一个数的和，然后告诉你这些和分别是多少。

接下来把这些和按顺序排列起来，把奇数位置上的结果加起来，再将偶数位置上的结果加起来，用前者减去后者，所得的结果就是对方想的那组数字里第一个数的 2 倍，再除以 2 就能知道第一个数字是什么。最后根据第一个数字与对方告诉你的依次两两相加的结果，就能求出这组数字里的所有数字。

Ⅱ. 让对方想出一组数字，这组数字的个数必须是偶数，如 2 个、4 个或 6 个，让他把这组数字里所有的数依次两两相加，但最后一个数要和第二个数字相加，接着按照上面的方法把这些和加起来，用前者减去后者，所得的结果就是对方想的那组数字里第二个数的 2 倍，然后同样可以算出这组数字分别是多少。

这是为什么？

14. 无须提供任何线索就可猜出数字

你先让对方想一个数字，让他用这个数字乘以你说出的任意数字，再加上你说出的另外一个任意数字，最后再除以一个数字。同时你也要进行如下计算：把让他用来乘的那个数除以让他用来除的那个数。然后，让对方把他想的那个数乘以你刚才运算出来的答案，再把积从刚才的答案里减去，减去后的结果和你刚才说出的加数除以你说出的除数得到的结果相等。

假如他想的数字是 6，你让他乘以 4，加上 15，除以 3，最后等于 13；与此同时你要做的计算是把 4 除以 3，然后让对方把他想的数乘 $\frac{4}{3}$，将结果用刚才的数字（即 13）来减，于是 13 - 8 = 5，这个数也是你让他加的数（即 15）除以让他除的数（即 3）的结果是一样的。

这类问题有时还会遇到一种不一样的情形：让对方把他想的数乘 2，加上任意一个偶数后再除以 2，用结果减去他想的那个数，这两个数的差就是他加的那个任意偶数的一半。相比较而言，一般形式既有趣又可以练习分数，如果你不喜欢用分数，可以在计算过程中用一些不会得到分数的数字。

15. 谁选了偶数

先说出任意两个数，这两个数必须是一个偶数和一个奇数，然后让其他 2 个人任选其一，就可以猜到每人选的是什么。

假如你说的这两个数是 9 和 10，然后让另外 2 个人任选一个，选择的结果不能告诉你，要想知道这两个人分别选了哪个数，你需要进行下列工作：自己也选择一个偶数和一个奇数，如 2 和 3，接下来让第一个人把他选择的数乘以 2，第二个人选择的那个数乘以 3，让他们把得到的结果相加告诉你，或者只告诉你相加的结果是偶数还是奇数。想要使这个游戏变得更加有神秘感，你还可以让他们做一些别的事情。比如让他们把相加的结果除以 2，如果可以除尽说明这个结果是偶数，那么乘以 3 的那个数肯定是偶数，就可以推断出第二个人选择的那个数是偶数 10，第一个人选择的那个数是奇数 9。与之相反，相加的结果不能被 2 整除，则说明这个结果是奇数，那么乘以 3 的那个人（即第二个人）选了奇数。

这是为什么呢？

16. 有关两数互质的问题

9 和 7 只有一个公因数（即 1），并且它们这个唯一的公因数也不是质数，(9 同样不是质数)。根据这个规则，你任意说出两个符合条件的数字，让另外两个人任选一个，选择的结果不能告诉你。要想知道这 2 个人分别选了哪个数，你需要进行下列工作：你也要按照上面的条件选择两个数字，这两个数只有 1 这个公因数，而且你选择的这两个数字里，一定要有一个是让对方选择的两个数字里非质数的那个数的因数。例如你选择的数字是 2 和 3，它们唯一的公因数是 1，并且 3 还是 9 的因数。接下来让第一个人把他选择的数乘以 2，第二个人选择的那个数乘以 3，让他们把得到的结果相加告诉你，或者只告诉你相加的结果能不能被 3（让对方选择的两个数里那个非质数的因数）整除，根据这个结果你就很快知道他们分别选了哪个数。因为相加的结果能被 3 整除，表示乘以 3 的人选择了数字 7；不能被 3 整除，表示乘以 3 的人选择了数字 9。

这是为什么呢？

17. 猜猜看有几个个位数

让对方想出任意个数字，这几个数字必须都是个位数，即这几个数都不能大于9。然后进行如下计算：第一个数乘以2、加5、再乘以5、再加10。把这个结果与第二个数相加，再乘以10。得到的结果与第三个数相加，再乘以10……一直把所有的数都按照这个方法加完为止。

然后让对方说结果是多少，如果对方想出了两个数字，那么把结果减去35，得到的结果在十位上那个数就是对方想的第一个数字，个位上的那个数就是对方想的第二个数字；如果对方想出了3个数字，那么把结果减去350，得到的结果在百位上那个数就是对方想的第一个数字，十位上的那个数就是对方想的第二个数字，个位上的那个数就是对方想的第三个数字；如果对方想出了4个数字，那么把结果减去3500，得到的结果在千位上那个数就是对方想的第一个数字，百位上的那个数就是对方想的第二个数字，十位上的那个数就是对方想的第三个数字，个位上的那个数就是对方想的第四个数字。

假如对方想的数字分别是3，5，8，2，按照上面的方法把第一个数乘以2，加5，再乘以5，再加10等于65。再加第二个数等于70，70乘以10等于700……最终结果是7082。当你知道这个结果后，就用7082减去3500，结果是3582，对方想的数字分别就是3，5，8，2了。

这是为什么呢？

我们还可以把这个游戏进行一番改造，然后运用到其他地方。假如你和朋友玩骰子游戏，你可以先让对方掷任意次骰子，你根本不用看，根据上面说的计算方法让对方计算，你就能根据计算结果猜出他每次分别掷出的点数是多少。而且骰子上最大的数字是6，猜测就会更加容易了。

十、更有趣的游戏

1. 用 3 个 5 来表示

有 3 个 5，怎样才能用它们表示 1 呢？

如果是第一次接触这类问题，那么你做出这道题就需要花费很长时间了。

除了 $1 = \left(\dfrac{5}{5}\right)^5$ 这种方法之外，你还可以找出其他方法来解决这个问题吗？

2. 用 3 个 5 来表示 2

有 3 个 5，怎样才能用它们表示 2 呢？

3. 用 3 个 5 来表示 4

有 3 个 5，怎样才能用它们表示 4 呢？

4. 用 3 个 5 来表示 5

有 3 个 5，怎样才能用它们表示 5 呢？

5. 用 3 个 5 来表示 0

有 3 个 5，怎样才能用它们表示 0 呢？

6. 用 5 个 3 来表示 31

有 5 个 3，怎样才能用它们表示 31 呢？

7. 巴士车票

一位乘客买了一张巴士车票，上面有一组号码：524127。按照这个号码的排列顺序，在这 6 个数字之间加上任意的运算符号，使最终结果等于 100。

如果你外出旅行，在车上要度过很长时间，那么你就可以来玩一玩这个游戏，看看可以用几种方法能把车票上的那组数字变成 100。如果你和朋友一起出门，你们也可以来比一比，看看谁先完成计算。

8. 谁先说出 100

你和另外一个人按先后顺序说出一个 10 以下的数字，并把这些数字都加到一起，谁先把结果变成 100 就算谁赢。

比如你说 "10"，对方说出 "7"，加在一起后就是 "17"，然后你又说 "7"，加在一起后就是 "24"。按照这种规则往下说，谁先把结果变成 100 就算谁赢。

这个游戏有什么获胜秘诀吗？

9. 应用问题

上面的那个游戏也可以经过改造后再玩。

比如你们规定说出的数字不能大于某个数，然后按先后顺序说出一个数字，把每次说出的数字加在一起，最先达到目标的人算赢。想要每次都赢该怎么办？

10. 每两根一组的分法

如图 55 所示，把 10 根火柴棒按照从左到右的顺序竖着排成一行，然后采用某种方式移动，使这些火柴棒的排列方式变成每 2 根一组。需要注意的是，在移动的过程中每根火柴棒移动的距离只能是 2 根。例如在移动第一根火柴棒时，必须跳过第二、第三根，与第四根组成一组。

图 55

11. 每 3 根一组的分法

同上题，把 15 根火柴棒按照从左到右的顺序竖着排成一行，然后采用某种方式移动，使这些火柴棒的排列方式变成每 3 根一组。需要注意的是，在移动的过程中每根火柴棒移动的距离只能是 3 根。例如在移动第一根火柴棒时，必须跳过第二、第三、第四根，与第五根组成一组。

12. 玩具金字塔

用硬纸板剪出 8 个从大到小变化的圆形纸盘，每张纸盘上剪出一个洞，再用木材做成 3 根垂直并且固定好的木棒，木棒的粗细以纸盘能自由套上去或取下来为准。把这 8 个纸盘套在木棍上后，一个 8 阶的金字塔就做好了（如图 56 所示）。

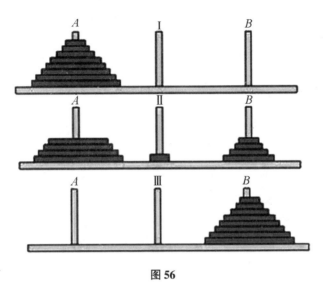

图 56

现在我们要做到的是把纸盘从棒 A 转移到棒 B 上。现有的条件是有 1 根木棒作为辅助（如图中Ⅰ、Ⅱ、Ⅲ这 3 根），在转移的过程中要做到且必须遵守以下条件：①一次只能转移 1 个纸盘。②纸盘被移出后放在其他木棒上时，这个纸盘的直径必须大于它下面那个纸盘的直径。同时，无论怎么转移，这 3 根木棒上每一个纸盘的直径都不能大于它下面那个纸盘的直径。

印度有一个传说，里面也有圆盘和钻石棒，不过在这个传说里圆盘的数量是 64 个。古印度人认为，地球的中心是见那拉斯大神殿的圆屋顶，神殿里有一座黄铜的台座，普拉马神就坐在上面，他面前有 3 根像蜜蜂的腿一样长，和蜜蜂的肚子一样大小的钻石棒。我们生活的世界诞生之初，在其中 1 根钻石棒上套着 64 个金盘，金盘的直径从下往上越来越小，这里的神仙每天要做的工作就是把由第一根钻石棒上的金盘移到第三根钻石棒上，第二根钻石棒是用来辅助这项工作的，在移动的过程中要遵守以下两个规定：①每次只允许移动 1 个金盘。②移出的金盘必须套在其他两根钻石棒上，而且一定要套在直径比它还大的金盘上面。当这 64 个金盘全部按照规定移动到第三根钻石棒上的时候，我们生活的世界就迎来了它的末日。

13. 有趣的火柴棒游戏

现在有三堆火柴棒，每堆的数目分别是 12 根、10 根、7 根。两个人轮流来取这些火柴棒，可以从任意堆里取任意根，但每次只能从其中一堆里取，可以把整堆全部取完。谁拿到最后 1 根火柴棒，就算谁获胜。假如现在有 A，B 两个人来玩这个游戏，他们是这样取的：

游戏开始时　　12　10　7

A 取完　　　　12　10　6

B 取完　　　　12　7　6

在这轮游戏中，最后 1 根火柴棒被 A 拿走，所以 A 是获胜者。怎样才能让 A 每次都获胜呢？

数学小漫画

 问：

　　1，2，3，4，……被称为自然数，自然数可以一直这样数下去，有没有一种数学方式能够证明自然数的无限性呢？

 答：

　　这是不可能的。如果这个自然数是 n，那么自然数 $n+1$ 也是存在的。由此可知，自然数的数量是有无限性的。

什么叫作「无限」呢？

十一、骨牌的问题

骨牌游戏是一种很有趣的娱乐方式，骨牌的做法也很简单：把一张长方形的牌从中间分成上、下两部分，每部分刻0点至6点，点数的组合方式一共有28种，如0与0、0与1……直到6与6。用28张骨牌就可以玩很多有意思的游戏了。

骨牌及其名字的由来：

传说骨牌是古代希腊人发明的，现在仍然有很多人在玩。由于骨牌游戏玩法并不复杂，可以推测骨牌在人类步入文明社会发展时期就被发明出来了。为什么会叫作"骨牌"呢？有人认为这个词来源于古代语言，我们这里找到了一条可信度比较高的理由。相传骨牌游戏是宗教团体的成员发明的，在这类组织里，很多人在日常活动开始的时候要说一句"赞美主"，玩骨牌游戏的人在出示第1张牌时，嘴里说的是"Benedicite，domino！"（即"荣耀的主啊！"），或者说"Domino，gracious"（即"感谢主），后来就被简称为"Domino"（即"骨牌"）。

1. 移动了几张

把10张骨牌按照1点到10点的顺序从右到左、正面向下排列，然后告诉对方：你现在把这些骨牌从右往左移动，但顺序不能改变。对方在移动的过程中你要转过身，当他移动完毕后，你不但可以猜到他移动了几张，还把和移动张数相同点数的那张骨牌掀开了。其实其中的奥秘很简单，只是10以内的计算而已。

下面我们就来揭晓其中的奥秘，先把你排列好的骨牌全部掀过来，结果就如图 57 所示的样子。

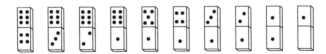

图 57

当你转过身后，对方按照你的要求把任意张骨牌移动到左边，而且顺序也没有发生改变。假设对方移动的张数是 4 张，移动后就会变成如图 58 所示那样。

图 58

在这组骨牌里，左边那张骨牌有几点，就说明对方移动了几张。然后你在猜的时候就可以把最左边的骨牌掀开，说："你移动的是 4 张。"为了让对方觉得更有意思，你还可以再用一些技巧。在这个游戏里，最左边的那张骨牌才是关键所在，但你却对他说，在打开这张牌之前你就已经知道他移动了几张。而你之所以把上面有 4 点的那张骨牌掀开，是为了证明你是一个"超能力者"。

为了让这个游戏有一定的神秘感，可以把第一次移动后的骨牌再移动一次，这次你需要记住最左边那张骨牌上有 4 点再转过身去。对方第二次从右往左移动骨牌，仍然不改变原来的顺序。移好后你再转过身来，掀开左数第 5 张，上面有几个点，就说明对方第二次移动了几张。下面举例说明这个过程：假如对方第二次移动了 3 张，移动后骨牌的排列顺序就如图 59 所示，左数第 5 张有 3 点，说明他刚才移动了 3 张，这时你不用掀开最左边的那张，也能猜出上面的点数是 7。这时你可以再次转过身，让对方第三次移动骨牌。然后你再转回身，掀开从左到右的第 8 张骨牌，上面有几点就说明他第三次移动了几张。

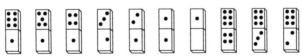

图 59

换句话说，只要你知道最左边那张骨牌上有几点后，掀开从左往右点数加1的那张牌，就可以知道对方移动了几张骨牌。

除此之外，任意一张骨牌上的点数加上这张骨牌的号码，得到的结果和你转过身后要掀开的那张骨牌号码是一样的（当结果大于10的时候，就要减去10）。明白这个道理后，在猜的时候把掀开的那张骨牌上的点数加上这张骨牌的号码就可以了。比如我们掀开第5张骨牌，上面的点数是3，那么你下次转回身后要掀开的就是第8张骨牌了。

虽然这个游戏比较简单，但对方仍然会觉得很诧异。当对方知道怎么玩后，他也一定可以做到运用自如的。

2. 百发百中

把25张骨牌以正面向下排成一行，然后让对方按照从左到右的顺序移动任意张，但要在12张以下，他移动的时候你需要转过身去。当他移好后你再次转回身来，就可以掀开其中1张，上面的点数正好是对方移动的张数。这是为什么？

3. 骨牌点数的总和

把一组骨牌上面的点数相加，结果是多少？

4. 骨牌的余兴游戏

把一副骨牌里上下点数相同的牌（6张）取出不用，剩余骨牌反面向上排列。然后藏起任意一张不是上下点数相同的牌，让对方选择任意一张，看完把这张牌摆在第一位。接着掀开所有牌，但要按照顺序把所有的牌放在第一张后面，这样，所有的骨牌就会按照某种顺序排列，你能根据这些排列好的骨牌猜到最后一张骨牌上有几点。而且，你藏起的那张骨牌上有几点，最后一张骨牌上就有几点。

其实，把剩余骨牌按照上面的顺序排列后，最后一张骨牌上的点数一定能够和第一张骨牌上的点数相同。假如第一张骨牌上的点数是5，那么最后一张骨牌上的点数也一定是5，除10点的骨牌外，剩下的21张骨牌按照规定排成圆形。如果你拿出的是（3，5）这张牌，你会发现剩余20张骨牌排列好后，一端上面有5点，另一端上面有3点。

当你在表演时，一定要装作很认真思考的样子，这样才能更加吸引观众。如果进行多次表演，那么就要花心思把游戏进行改造了。

5. 最大的得分

有4个人按照个别计算的方式玩骨牌，游戏开始后，每人手里有7张牌。在玩游戏的时候会出现这样的情形：第一个人肯定会赢，第二个和第三个人没有出牌的机会。当第一个和第四个人拿到的牌如下时：

第一个人：(0，0)(0，1)(0，2)(0，3)(1，4)(1，5)(1，6)

第四个人：(1，1)(1，2)(1，3)(0，4)(0，5)(0，6)

这张和另一张点数不明的，剩下的牌在第二个和第三个人手里。在这种情况下，上面13张牌出现后第一个人就赢了，而第二个和第三个人却没有机会出牌。

具体过程是这样的：游戏开始后，第一个人打出（0，0），第二个和第三个人只能过。接下来第四个人打出（0，4）（0，5）（0，6）中任意一张时，第一个人就可以打出（1，4）（1，5）（1，6）中相应的那张了，此时第二个和第三个人只能再次过。然后第四个人打出（1，1）（1，2）（1，3）中任意一张时，第一个人打出（1，0）（2，0）（3，0）中相应的那张，就这样第一个人会把所有的牌打出去。此时第二个和第三个人一张牌也没有机会出，第四个人手里剩下一张。最后计算得分，排在桌上的点数是48，这个游戏所有点数是168，第一个人就会得到这个游戏中的最高得分——120分。

按照其他分配也能赢，但想要达到赢牌的目的，就需要用2，3，4，5或6来代替刚才那种分配方式中0和1的角色。按照这种分配得到的分数和从当中扣掉2的分配方式分数相等，都是21。很明显，得到这样的牌很难，并且你无论用什么方式去分配，最后得到的分数都是低于120分的。

6. 利用8张骨牌做成正方形

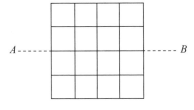

图60

用8张骨牌做成一个正方形，要求是任意一条横切这个正方形的直线，至少要和另外一张牌相交。如图60所示，这是一个用8张骨牌做的正方形，里面的直线 *AB* 没有和任何一张骨牌相交，因此不能满足所提的要求。

7. 用 18 张骨牌做成正方形

按照问题的条件，用 18 张骨牌做成一个正方形。

8. 用 15 张骨牌做成长方形

按照问题 6 的条件，用 15 张骨牌做成一个长方形。

数学小漫画

问：

大家都知道负数的平方是正数，那么有没有这样一个负数，它的平方仍然是负数呢？

账本上的负数，平方后是不是变成正数呢？

答：

有，这是一种想象中的数字，也称为虚数。英文是"imaginary number"，所以，这个数用首个字母的 i 表示。

注：虚数就像龙一样，是人们想象出来的。

我是虚像。

十二、白棋与黑棋

1. 改变排列方式的问题

拿出黑、白两种颜色的棋子各4个，如图61所示那样排列，然后把4个黑棋移至6，7，8，9位置，4个白棋移至1，2，3，4位置。在移动棋子的过程中要遵守如下规则：①先移动白棋子。②每个格子里只能放1个棋子。③棋子不能放回已经走过的格子里。④棋子在移动的过程中只能旁移1格或者跳跃1格。

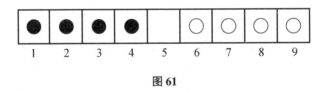

图61

2. 4对棋子

拿出黑、白两种颜色的棋子各4个，按照白、黑间隔排成一行。现在要移动这些棋子，但要以不能改变顺序为前提，一次可以移动2个棋子，移动的时候按照向右或向左的方向跳过其他的棋子。如何在移动4次后，使这8个棋子的排列顺序变为4个白棋在右、4个黑棋在左呢？

3. 5对棋子

拿出黑、白两种颜色的棋子各5个，按照白、黑间隔排成一行。条件和上一题相同，如何在移动5次后，能让10个棋子的排列顺序变为5个白棋在右、5个黑棋在左呢？

4. 6对棋子

拿出黑、白两种颜色的棋子各6个，按照白、黑间隔排成一行（如图62所示）。条件如前，如何在移动6次后，能让12个棋子的排列顺序变为6个白棋在右、6个黑棋在左呢？

图 62

5. 7 对棋子

拿出黑、白两种颜色的棋子各 7 个，按照白、黑间隔排成一行（如图 63 所示）。条件如前，如何在移动 7 次后，能让 14 个棋子的排列顺序变为 7 个白棋在右、7 个黑棋在左呢？

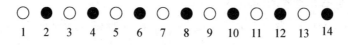

图 63

6. 在 5 条线上排 10 个棋子

在 5 条直线上排 10 个棋子，要求每条直线上各有 4 个棋子，该怎么办呢？

7. 有趣的排列

拿出黑、白两种颜色的棋子各 12 个，把这 24 个棋子按照某种顺序排列，可以排成一条线或是一个圆，然后从第一个开始算起，每数到第七个，就把第七个取走，最后会出现白色棋子全部被拿走、黑色棋子都留在原处的现象。原来这 24 个棋子是怎样排列的呢？

数学小漫画

问：

在职业棒球比赛中，使用的球做法是这样的：先用软木包上橡胶做成芯，然后用毛线卷起来，最后再用白色马皮或牛皮缝合好。而且对缝合的针数也有规定，即108针。这是真的吗？

答：

是真的。

注：职业棒球比赛用球的质量为141.75克至148.84克，周长为22.86厘米至23.5厘米。以前在测试反弹力的时候是采用目测的方式来进行的，但因为有些球飞得太高不便测量，于是在1981年采用专门的测定器来测试。

十三、国际象棋的问题

相传国际象棋是一位名叫西萨的古印度人发明的。在国际象棋里，代表国王的棋子非常重要，但想要胜利也需要其他"护卫"和"士兵"的帮助才能实现。西萨发明这个游戏的目的也是为了供贵族娱乐之用。

一位名叫阿沙的阿拉伯作家记载了这样一个古代印度故事。

当西萨把国际象棋献给希朗国王时，希朗国王非常高兴，为了表示对西萨的感谢，他说："不管你提什么样的条件，我都会满足你的。"

西萨说："我想要的是，请您在棋盘的第一格里放 1 粒麦子，第二格里放 2 粒，第三格里放 4 粒……就这样一直放到第六十四格。也就是从第二格开始，每格里麦子的数量都是前一格的 2 倍，您能满足我的请求吗？"

这个要求看似简单，但实际上很难做到，因为要想满足西萨的要求，所用的麦子粒数加起来会达到 20 位数！换句话说，希朗国王至少要在整个地球表面播种 8 次才可以。

在国际象棋的棋盘上一共有 8 行 8 列共 64 个格子，所有格子交替涂上黑、白两色，棋子也只有黑、白两种颜色，双方的棋子各有 6 种角色，拿白棋的一方先走。"骑士"的走法是向、前、后、左、右等 8 个方向斜跳，"皇后"的走法是可以向纵、横、斜任意跳。

1. 4 个"骑士"

4 个"骑士"棋子在棋盘上如图 64 所示摆放，现在要把棋盘分成一样的 4 块，要求每块上都有一个"骑士"棋子。

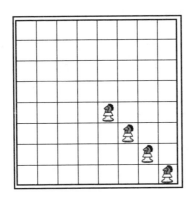

图 64

2. "士兵"和"骑士"

在棋盘的第一个空格里放 1 个 "士兵" 棋子，然后把放在另一个空格里的 "骑士" 棋子向其他空格移动，把每个空格都走一次后，这个棋子要回到原来的格子中。

3. 2 个"士兵"和"骑士"

在棋盘的第一个空格里放 1 个 "士兵" 棋子，再把以这个空格为一端的对角线另一端也放 1 个 "士兵" 棋子，其他条件如上题，"骑士"该怎么移动？

4. "骑士"之旅

怎么才能让 "骑士" 棋子在棋盘中央的 16 个格子里各走一回后又回到原处？

5. "独角仙"

如图 65 所示，把 25 只 "独角仙" 分别放在棋盘上 5×5 这部分里。如果这些 "独角仙" 水平或垂直移动到旁边的格子中（5×5 的部分），会有空格出现吗？

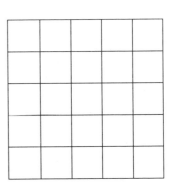

图 65

6. 整个国际象棋棋盘中的"独角仙"

如果在棋盘的每个空格里都放上 1 只独角仙，与前一题一样的条件，还会有空格出现吗？

7. "独角仙"的封闭路线

把1只"独角仙"放在棋盘上的任意1个空格里，它可以纵向或横向移动到旁边的格子里，每个格子只能走一次，"独角仙"该怎样走？

8. "士兵"和骨牌

假如有32张骨牌，每张骨牌的面积等于棋盘上两个格子的面积。这时在棋盘上任意一个格子里放1个"士兵"棋子，然后用所有骨牌把空白的格子盖上，但是不能有叠在一起的骨牌，你能做到吗？

9. 2个"士兵"和骨牌

在棋盘上任意一条对角线两端各放1个"士兵"棋子，再用所有骨牌把空白的格子盖上。其他条件如前题，你能做到吗？

10. 同样的2个"士兵"和骨牌

如果把2个"士兵"棋子分别放在任意两个颜色不同的格子里，再用前面用的那种骨牌盖住其余的地方，你能做到吗？

11. 国际象棋和骨牌

要想让等于棋盘上两个格子面积的骨牌一张都不能摆在棋盘上，需要在棋盘上至少放几个棋子才可以呢？

12. 8个"皇后"棋子

把8个"皇后"棋子放在棋盘上任意1个格子里，要求平均8个格子里就会有1个"皇后"棋子，并且任意一条纵线、横线、斜线上只能有1个"皇后"棋子，一共有多少种方法呢？答案是92种，你能把它们全部找出来吗？

如图66所示就是其中的1种，现在用6，8，2，4，1，7，5，3这8个数字代替。

这组数字表示的意思是"皇后"棋子在棋盘里竖排上的位置。如第一个数字为6，意思是这颗棋子在第一竖排由下往上数第六个格子里。现在我们用"列"表示竖排，用"行"表示横排，"行"也按照由下往上的顺序分别用1~8来表示。由此可知，如图66所示可以用下面的方法来表示：

（A）行……6，8，2，4，1，7，5，3

　　　列……1，2，3，4，5，6，7，8

然后把棋盘逆时针旋转90°，就会得到如图67所示这个答案。

按照第一个答案得到对应答案的方法如下：把（A）里面行的数字按照从大到小的顺序排列，列里的数字随之相应变化。

（B）行……8，7，6，5，4，3，2，1

列……2，6，1，7，4，8，3，5

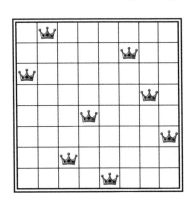

图 66

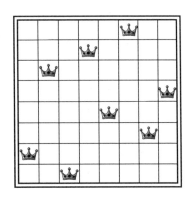

图 67

然后我们就得到了第二个答案2，6，1，7，4，8，3，5了。按照旋转的方法可以得到答案三和答案四，如图68和图69所示。这两个答案是把图67按照逆时针方向旋转90°和180°得到的。如果用数字转换的方法，可以由图67得出图68，由图68得出图69。不过，从图66可以直接得到图68，从图67也可以直接得到图69。

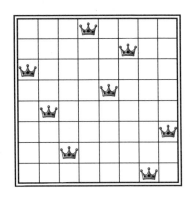

图 68

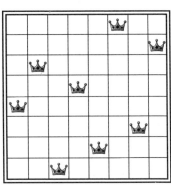

图 69

具体方法是这样的：首先把图 66 和图 67 用数字来表示，即 6，8，2，4，1，7，5，3 和 2，6，1，7，4，8，3，5；然后把这 2 组数字反过来排列，就变成了（3，5，7，1，4，2，8，6）和（5，3，8，4，7，1，6，2）；最后用 9 依次和括号里的数字相减，结果是 6，4，2，8，5，7，1，3 和 4，6，1，5，2，8，3，7。这两组数字分别可以用图 68 和图 69 表示。

这个问题里，绝大部分答案都有与之相对应的另外 3 种，但图 70 除外，与它相对应的答案只有图 71 一种。在如图 70 所示的情况下，把棋盘旋转 180°后，得到的答案和图 70 是一样的。如果把表示这个图的数字（即 4，6，8，2，7，1，3，5）加上与这组数字相反的数列，就会变成 9，9，9，9，9，9，9，9 了。

在所有答案里选出任意一个，把它的排列顺序改变一下，使第一列成为第八列，第二列成为第七列……也可以把表示答案的 8 个数字的排列顺序进行同样的调整，我们就可以得到另一组相对应的答案了。

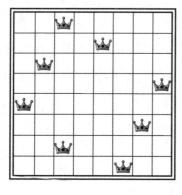 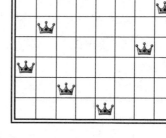

图 70   图 71

下面我们如图 72 所示来表示这个问题的答案。如前所说，答案 Ⅰ～Ⅺ 包括本身一共有 4 种对应答案外加 4 种相反答案，一共是 8 种；最后的答案Ⅻ一共有 4 种对应答案，加在一起一共是 92 种答案。把这些答案换成数字就会变成下面表格中所列出的形式。

想要得到这个表格也可以用下面这个简单的方法：先在左侧那一列最下面的格子里放 1 个"皇后"棋子，然后在第二列下方的格子里放 1 个"皇后"

棋子，按照这个在每列尽量往下的位置摆棋子，要注意躲开之前棋子的移动路线。放到不能再继续放的时候，把前列放的棋子1格、2格、3格……向上移动，直到右侧不能继续摆放新棋子时，按照前面把棋子逐渐提高的方法，将剩下的棋子放上。

把所有的答案都记下来，也就是记下那8位数，按照从小到大的顺序一一求出。这样得到的表格，能够依靠第一个和第二个答案得出对应的答案和相反的答案。

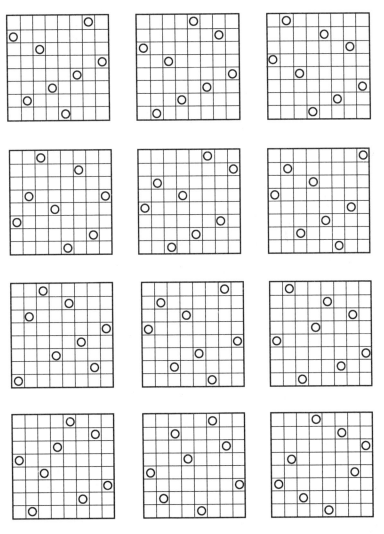

图72

1	1586	3724	24	3681	5724	47	5146	8246	70	6318	5247
2	1683	7425	25	3628	4175	48	5184	2736	71	6357	1428
3	1746	8253	26	3728	5146	49	5186	3724	72	6358	1427
4	1758	2463	27	3728	6415	50	5246	8317	73	6374	4815
5	2468	3175	28	3847	1625	51	5247	3861	74	6372	8514
6	2571	3864	29	4158	2736	52	5261	7483	75	6374	1825
7	2574	1863	30	4158	6372	53	5218	4736	76	6415	8273
8	2617	4835	31	4258	6137	54	5316	8247	77	6428	5713
9	2683	1475	32	4273	6815	55	5317	2864	78	6471	3528
10	2736	8514	33	4273	6851	56	5384	7162	79	6471	8253
11	2758	1463	34	4273	1863	57	5713	8642	80	6824	1753
12	2861	3574	35	4285	7136	58	5714	2863	81	7138	6425
13	3175	8246	36	4286	1357	59	5724	8136	82	7141	8536
14	2528	1746	37	4615	2837	60	5726	3148	83	7263	1485
15	3528	6471	38	4682	7135	61	5726	3184	84	7316	8524
16	3571	4286	39	4683	1752	62	5741	3862	85	7382	5164
17	3584	1726	40	4718	5263	63	5841	3627	86	7425	8136
18	3625	8174	41	4738	2516	64	5841	7263	87	7428	6135
19	3627	1485	42	4752	6138	65	6152	8374	88	7531	6824
20	3627	5184	43	4753	1682	66	6271	3584	89	8241	7536
21	3641	8572	44	4813	6275	67	6271	4853	90	8253	1746
22	3642	8571	45	4815	7263	68	5317	5824	91	8316	2574
23	3681	4752	46	4853	1726	69	6318	2475	92	8413	6275

数学小漫画

？问：

毕达哥拉斯派最先发现了正五角形的做法，在此基础上又作出了星形，他们觉得星形有着神奇的魅力。于是，毕达哥拉斯派用星形作为本学派的徽章。那么，他们是怎样用正五角形作出星形的？

答：

把正五角形每条边向两边延长，直到延长线相交。

13. 有关"骑士"的移动问题

前面我们介绍过"骑士"围着棋盘部分空格一周的这类问题，接下来我们继续讲和"骑士"移动有关的问题，即"骑士"棋盘上每个格子各走一次后回到原点的问题。

两百多年前的 1775 年 4 月 26 日，有一个叫优勒的人给朋友写了一封信，在信中他提到了这个问题诸多答案中的一个，在信中他是这么说的：

"最近我在忙着做一件非常难解决的事情，我找了很多方法都没能把问题解决，这时我才发现，想解决这个问题需要用一些特别的方法。在一个偶然的机会下，我想起你问过我的一个问题，这个问题给了我解决难题的灵感。这就是你说的让"骑士"在棋盘里走过所有格子，并且回到出发点的那个问题。根据题中给出的条件，要把"骑士"经过的格子都画去，并且把"骑士"的出发点确定下来才可以。我觉得这个问题之所以变得很困难，是由于最后的那个条件，因为我找到了一种移动方法，然而在我找到的这个方法里，"骑士"的出发点在哪里是由我来决定的。可以肯定的是，"骑士"一定能走回原来的位置。在试了几次后，就会得出答案，除此之外还有多种答案，但都能通过我说的这个方法找出来。如图 73 所示，就是这个问题诸多答案中的一个。在这幅图里，"骑士"的移动路线就是里面的数字。

54	49	40	35	56	47	42	33
39	36	55	48	41	34	59	46
50	53	38	57	62	45	32	43
37	12	29	52	31	58	19	60
28	51	26	63	20	61	44	5
11	64	13	30	25	6	21	18
14	27	2	9	16	23	4	7
1	10	15	24	3	8	17	22

图 73

虽然优勒在信里没有说到他是怎么解决问题的，但我们可以教给大家另外一种方法，这个方法是这样的：

Ⅰ. 如图 74 所示，把棋盘分为两部分，其中一部分是中间的 16 个格子（即图中字母带 "′" 的格子）；另一部分是剩下的周围其他 48 个格子。在中间的 16 个格子里，字母 a'，b'，c'，d' 代表的格子各有 4 个，把相同的字母连起来，我们就会发现它们的连线是一个正方形或菱形；在周围的 48 个格子里，字母 a，b，c，d 代表的格子各有 12 个，把相同的字母连起来，我们就会发现它们的连线是锯齿状的。在图 75 中，"骑士" 在中央 16 个格子里移动的路线是 a' 和 b'，周围 48 个格子里移动的路线是 a 和 b。

"骑士" 走过周围路线其中的 1 条后，就可以移动到中间另外 5 条不同字母的路线，例如 ab'，bc'，cd'，da' 4 条路线就是由中间 16 个格子组成的。

a	b	c	d	a	b	c	d
c	d	a	b	c	d	a	b
b	a	a'	b'	c'	d'	d	c
d	c	c'	d'	a'	b'	b	a
a	b	b'	a'	d'	c'	c	d
c	d	d'	c'	b'	a'	a	b
b	a	d	c	b	a	d	c
d	c	b	a	d	c	b	a

图 74

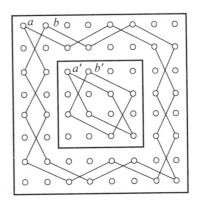

图 75

在图 74 和图 75 这两幅图中，我们能够看出 1 条通过 16 个格子的路线，其中有 12 个格子在周围，它们之间的连线呈锯齿状，然后再和中间的格子连接。由于两边的路线没有开口，所以我们要想办法把各通过 16 个格子的 4 条打通（一共 64 个格子，所以每条路线都是 16 个格子），这样 "骑士" 才能通过棋盘上所有的格子。

先在周围 48 个格子中的任意 1 个格子里放上 "骑士"，把这个 "骑士" 从周围经过的格子画出来，再把 "骑士" 放到中间去；然后从其他不同字母组成的 3 条路线里任意选择 1 条。当 "骑士" 从中间又走到周围后，再选择 1 条通过周围 12 个格子的锯齿状路线，这样又能回到中间，再选择 1 条中间路线……就这样按照同样的方法继续走，"骑士" 就能通过棋盘上所有的格子了。由于这种方法非常简单，我们就不再细说了。

a	b	c	d	a	b	c	d
c	d	a	b	c	d	a	b
b	a	d	c	b	a	d	c
d	c	b	a	d	c	b	a
a	b	c	d	a	b	c	d
c	d	a	b	c	d	a	b
b	a	d	c	b	a	d	c
d	c	b	a	d	c	b	a

图 76

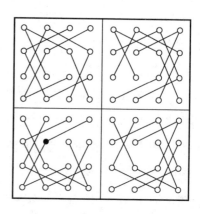

图 77

此外还有一个比较简单的办法：先把棋盘如图 76 所示分成相同的 4 个部分，然后再如图 77 所示，把每部分里一样的字母连接起来后，再把中间部分的正方形和菱形（各 2 个）的四条边通过共同的顶点连接起来，各连接 4 个。然后再把每部分里字母一样的正方形和菱形连接起来，一条由 16 个格子组成的、围绕局部一周的路线就这样形成了。这样的路线一共有 4 条，把这四条路线打通后，"骑士"也能走完所有格子。

想要获得更理想的效果，可以注意这样一个问题：在图 76 的 4 个部分里，用正方形和菱形画出骑士经过的 4 条路线，然后分别把 4 个部分里一样的字母连接成的正方形和菱形打通，同样会获得 4 条"骑士"可以走完棋盘上所有格子的路线。

数学小漫画

	点　边　面 $\widehat{V}-\widehat{E}+\widehat{F}$	$V-E+F$
三角形	$3-3+1$	1
四角形	$4-5+2$	1
五角形	$5-7+3$	1
六角形	$6-9+4$	1
圆	$\square-\square+\square$	1

问：

　　如下图所示：这个表示点、边、面关系的公式适用于三角形、四角形、五角形、六角形这四种图形。如果这个公式也适用于圆形，那么图中的方块里该写上什么数字呢？

咦！只有这样吗？

答：

　　圆可以看成由两个半圆组成的图形，这样一来圆就有 2 个点、3 个边、2 个面了。所以，方块里应该依次写上 2，3，2。

十四、数的正方形

从接下来的 4 个问题中，我们要学会如何组合魔方阵的方法。所谓魔方阵，就是将数字排列成正方形，使每行每列以及两个对角线加起来的和都相等的数字表。

1. 写 1 至 3 的数字

如图 78 所示，把一个正方形分成九部分，现在以任意方式把 1，2，3 这 3 个数字写进去，要求这九个格子纵列、横行和对角线上的数字加在一起都等于 6。应该有几种方法呢？请你把它全部写出来。

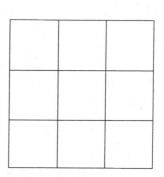

图 78

2. 写 1 至 9 的数字

在和上题一样的图形里，把 1～9 这 9 个数字分别写进去，要求这 9 个格子里纵列、横行与对角线的数字加在一起相等。

3. 写 1 至 16 的数字

把一个正方形分成 16 个部分，把 1～16 这 16 个数字分别写进去，要求这 16 个格子里纵列、横行与对角线的数字加在一起相等。

4. 写 1 至 25 的数字

把一个正方形分成 25 部分，把 1～25 这 25 个数字分别写进去，要求这 25 个格子里纵列、横行与对角线的数字加在一起相等。

5. 4 个字母

把 4 个字母写进一个有 16 个格子的正方形里，要求这 16 个格子里横行、纵列及对角线上都有一个字母。当字母相同和字母不同时，各有几种方式？

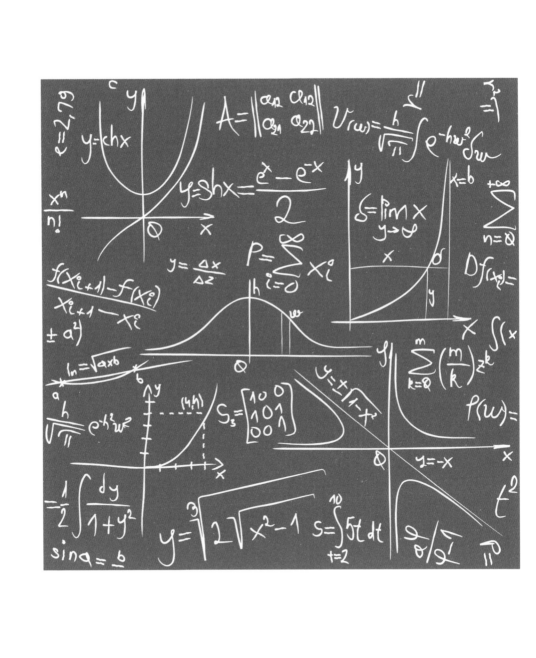

6. 16 个字母

把 a，b，c，d 各 4 个（一共 16 个）字母写进一个有 16 个格子的正方形里，要求横行、纵列出现每个字母的次数各是一次。一共有几种方法？

用格子数为 n^2（如 25 是 5 的平方，36 是 6 的平方）的正方形，就可以做出类似的问题。这种把字母或数字写在每行每列，并且要求字母或数字在每列都不同的正方形方阵里，叫作"拉丁方阵"。早在 1782 年，优勒就开始研究这种方阵了。之所以用"拉丁"来称呼这个方阵，是因为在格子里写的字母大多是 a，b，c……在这个方阵里，n 越大格子就会越多。从 1 到 k 的整数积就用 $k!$ 表示，也就是说，

$$k! = 1 \cdot 2 \cdot 3 \cdot \cdots \cdot k$$

$n \times n$ 的拉丁方阵格子数的计算公式是，

$$n! \cdot (n-1)! \cdot \cdots \cdot 2! \cdot 1!$$

然而只有 n 的值不是很大时才能算出这个公式的结果。

7. 16 个士官

有 4 个部队，现在从每个部队里选出上校、少校、上尉、中尉各 1 人，一共是 16 人。选好后把这 16 个人安排在一个方阵里，要求每行、每列里军衔、来源都不同，要怎样才能做到呢？

8. 国际象棋比赛

2 支队伍进行国际象棋比赛，每队各有 4 名选手，要求每名选手要和对方 4 个人分别进行一回合比赛。其他条件如下，该怎么安排？

①每名选手分别拿 2 次黑棋和 2 次白棋，进行 2 次比赛。

②每次比赛中，双方都以 2 次黑棋和 2 次白棋进行 2 次比赛。

在这两个问题里，第一个题可以把军官和部队数设为 n，第二个题可以把每队有几名选手设为 n，这样就比较容易了。当 $n=2$ 时，第一个问题是没有答案的。因为 2 个部队中 2 个军衔不一样的人一共有 4 个，不能满足题目中的分配条件。在 1782 年，优勒就曾说过：当 n 被 4 除余 2 的时候，这个问题是没有答案的。在 1900 年，有人证明了他的说法：在 $n=6$ 的时候是成立的。然而在 1909 年，除 $n=2$、$n=6$ 这两种情况以外，他的说法是不成立的。也就是说，在 $n>6$ 的时候，这类问题是有答案的。

数学小漫画

 问：

骰子一共有 6 个相同大小的面，人们把这种物体叫作正六面体。你知道正四面体是什么样的吗？

骰子有 6 个面、8 个顶点和 12 个边。

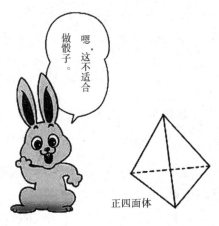

 答：

如左图所示的立体图形就是正四面体。

正四面体

十五、找路的方法

1. 蜘蛛和苍蝇

如图 79 所示，在一个房间地板的一角 K 处有一只苍蝇，天花板的一角 C 处有一只蜘蛛。蜘蛛怎样才能以最短的距离到达苍蝇所在的地方？

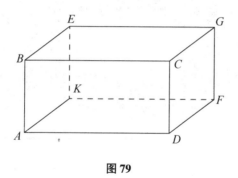

图 79

◎ 桥梁、岛屿和拓扑学

你见过建在由分流或支流形成的河中岛上的城市或乡村吗？在分流或支流上，有时会建一些桥梁以连接部分街道。如圣彼得堡这座城市，在第聂伯河的许多分流和运河上都建有这种功能的桥梁。如果你住在一个有河、岛、桥的地方，你是否想把所有的桥梁都走一遍呢？著名的数学家尤拉是最早想到这类有趣问题的人，这种问题叫作"拓扑学"，是几何学独特分解的指南。

图形、物体的测量等因素在位置几何学里并不重要，位置几何学要注意的是怎样的顺序和怎样的配置。总体来说，国际象棋、围棋、骨牌、大多数扑克牌游戏以及用哪些颜色的线可以织出美丽的图案等问题都可以用几何学知识来解决。因此，几何学已经有很长的历史了。然而直到 1710 年，莱布尼兹才把几何学发展为一门独立的学科。前面我们说过，尤拉也曾研究过类似问题，现在我们用一些相对不那么复杂的例子来说明。

接下来我们将看到这些问题，在思考之前要先看看题目中给出的条件是否成立才行。在答案是否定的时候，尤拉的调查更加详细。

2. 七桥问题

尤拉在 1759 年提出了这样一个问题：

如图 80 所示，在河流中央有一个小岛 A，此外还有 a，b，c，d，e，f，g 7 座桥，能在每座桥不走 2 次以上的情况下，把这些桥全部走一遍吗？

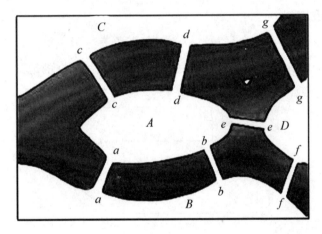

图 80

在看到这个问题的时候，很多人会觉得，把所有的走法都尝试一遍，最终一定会找到解决办法的。但是，这幅图里的桥有 7 座，一个一个去试会很浪费时间。如果桥的数量增加，这种尝试出来的方法就用不上了。就算桥的数量是不变的，把桥的位置改变一下也会使最后的结果发生变化。所以，我们需要找到另外一种比较好的解决办法。

当有 7 座桥并且这 7 座桥按图 80 这样排列的时候，我们来找一找怎样走才能符合题目的规定。

首先把陆地部分分别用 A，B，C，D 来表示，当一个人从 A 到 B 时，一共有 2 种方式，即走 a 桥或 b 桥，这时我们都用 AB 表示这个过程。同理，当他再从 B 到 D 时，就用 BD 来表示。这时，从 A 到 D 的路线就用 ABD 来表示。

也就是说，用大写字母表示出发点和终点。

此外，从 A 到 C 这个过程可以记为 ABDC，也就是说，当一段路程用 4 个大写字母表示的时候，意思即为从第一个字母出发，经过第二和第三两个字母，（走过 3 座桥后）到达第四个字母。

由此可知，当经过 4 座桥时，就要用 5 个字母来表示这个过程，经过 5 座桥时，就要用 6 个字母来表示这个过程。按照这个规律，每多过一座桥，表示这个过程的字母就相应增加 1 个。

所以，要是把这 7 座桥各走一次，表示这一过程的字母就是 8 个。同理，如果桥的数量是 n 座，那么就要用 n+1 个字母来表示这个过程。

这些字母该怎么排列才符合题目的规定呢？

A 和 B 之间有 a，b 两座桥，所以 A 和 B 之间的字母关系 AB 或 BA 要出现 2 次。同理，A 和 C 之间的字母关系 AC 或 CA 也要出现 2 次。另外，AD，BD，DC 之间的字母关系各出现 1 次。

假设这个问题能解决，就必须遵守下面的两个条件：

①用 8 个字母表示所有的路径。

②必须把字母按照刚才说的连写字母的方法及次数排列。

下面还有这样一个重要的事情：

如果另外 3 块陆地和地区 A 由桥 a，b，c，d，e 5 座桥连接，从 A 侧或 B 侧过桥 a 时，字母 A 就会出现 1 次；然后走过 A 的 3 座桥 a，b，c，我们就可以知道，在表示路径的标记中，字母 A 就会出现 3 次。一般情况下，当通过 A 的桥数量是奇数时，想知道 A 出现的次数，只需要把奇数加 1，再除以 2 就可以了。除了通过桥的数量是奇数时，这种方式在其他地区也可以用。在这里我们把这些地区都称为"奇数地区"。

我们以此为出发点对尤拉的问题进行研究。

从 A 出发有 5 座桥可供选择，与 B，C，D 各有 3 座桥连接。也就是说，这些地区都是"奇数地区"。所以，通过 7 座桥所有路径可以记为：

字母 A 出现 $\dfrac{5+1}{2}=3$ 次；字母 B 出现 $\dfrac{3+1}{2}=2$ 次；

字母 C 出现 $\dfrac{3+1}{2}=2$ 次；字母 D 出现 $\dfrac{3+1}{2}=2$ 次。

由此可知，要求的路径表记总共需要用 9 个字母。但我们说过，表示这个问题答案的路径的表记字母是 8 个。所以，这种方式是行不通的。

难道这个问题没有答案吗？事实上不是这样，我们刚才证明的只是在桥的配置像问题要求的那样时才没有答案。如果桥的配置发生了变化，那么答案也会发生变化。

下面我们注意到达 A，B，C，D 四个区域的桥梁数为奇数时，再用之前说的那个方法，来看一看这个问题是否有答案。为了解决一般问题，一定要考虑从其中一个地区经过的桥梁数为偶数时的这种可能性。

假如地区 A 桥梁数为偶数，必须把路径分为从其他地区出发或从 A 出发这两种情况，以此表示所有桥各走 1 次的路径。

如图 81，当从 A 到 B 有 2 座桥可以走的时候，一个人从 A 出发，从这 2 座桥上各走 1 次，那么这个过程就可以用 ABA 来表示。也就是说，字母 A 出现了 2 次；如果这个人从 B 出发，从这 2 座桥上各走 1 次，那么这个过程就可以用 BAB 来表示，这时字母 A 出现的次数是 1 次。

图 81

当从 A 到 B 有 4 座桥可以走的时候，无论从哪里出发，结果都是一样的。一个人从 A 出发，从所有座桥上各走 1 次，那么这个过程中字母 A 出现的次数是 3 次。如果这个人从其他地区出发，那么字母 A 出现的次数是 2 次。同样的道理，当有 6 座桥可以走的时候，根据这个人出发的地点是 A 还是其他地区，就可以知道字母 A 出现的次数是 4 次还是 3 次。据此我们可以知道：

某一地区的桥梁数是偶数时，同时表记路径的字母在从这个地区之外的其他地区出发，出现的次数就是桥数的 $\dfrac{1}{2}$；与此相反，如果一个人从偶数地区出发，字母出现的次数就应该是桥数的一半再加1。无论如何，偶数地区的过桥路径表记的字母出现的次数一定会大于或等于桥数的 $\frac{1}{2}$。

由此我们可以得出解决这类问题的一般方法。不管怎样，我们先要做的是看看这个问题是不是有答案，然后我们把方法进一步展开如下：

①通过桥梁的数量来开启解答问题之门。

②把陆地区域用字母如 A，B，C，D，……表示，然后把这些字母竖着写下来。

③在表示区域的字母后面，写下相应的到达这个区域的桥梁个数。

这个问题里的内容就可以写成如下形式：

桥数 7 A 5

$\qquad$ B 3

$\qquad$ C 3

$\qquad$ D 3

需要注意的是，字母后面数字加在一起通常是桥梁数量的2倍，因为每座桥都有两端和陆地连接。问题里有奇数地区的时候，奇数地区的数量一定是偶数，否则字母后面数字加在一起就会是奇数了。

④在第三栏里写第二栏除以2后的结果。如果第二栏的数字是奇数，就要把奇数加1后再除（第一栏字母在路径表记中出现的次数用第三栏里的数字表示）。

⑤把第三栏的数字加在一起。

这个问题的解答方法如下：

桥数 7

正如前面所说，如果第三栏的数字加在一起大于第二栏的数字加在一起除以2（也就是桥数），说明奇数地区的数量超过 $\frac{1}{2}$。换个角度来看，第三栏数字加在一起表示所有字母一共会反复出现几次。也就是说，桥数再加1（即表记路径的字母个数）至少和这个数相等。所以，如果这个问题是有答案的，那么奇数地区数量除以2不会比1大。

在一般情况下，当问题有答案时，我们可以这样认为：

①所有地区都是偶数地区。

②如果有奇数地区，奇数地区的数量不会超过2个。

数学小漫画

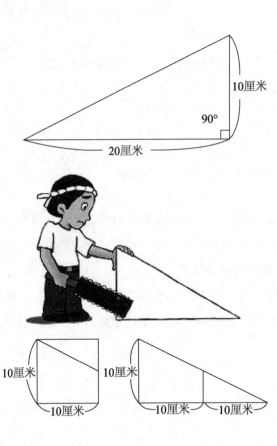

 问：

符合上述条件时，这类问题一定能解决。即使是②的条件下，选择从奇数地区出发就可以了。

怎样才能把图中的直角三角形木板做成一块正方形木板？

答：

如左图所示，沿着长的直角边中间垂直平分线锯开就可以了。

3. 15 座桥梁

如图 82 所示，小岛的数量变成了 2 座，桥梁的数量变成了 15 座。如果一个人想走过所有的桥，并且从每座桥上各走一次，他能做到吗？

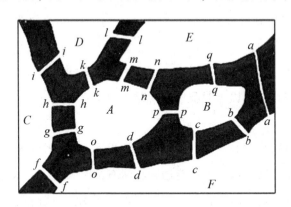

图 82

这幅图里所有的地区都属于偶数地区，现在我们找一条符合题目条件的路径。把这条路线所经过的桥梁看成单位 1 的路径长度，这道题中的路径长度就是 15，在按照题目要求，通过所有路径的同时，找到最长的路径（分别用小写字母 a，b，c，……表示途中的桥梁）。用 A 表示出发点，如果最后无法回到 A，而是来到 C，这时把路径的表记里 C 出现的次数设为 r。那么，就说明在这条线路中需要经过 $2r$ 座桥梁。C 地区是偶数地区，如果通过的最后一座桥是 g，那么还要在通过的 $2r$ 座桥的基础上，再通过从 C 地区出发的桥 h，这就和我们希望的选择最长路径这个原则相抵触了。当整个过程在 A 结束时，这种抵触自然会被消除。所以，路径 $abc……g$ 最后的目的地一定是在 A 地区，这条路线是封闭的。我们来证明一下这种方法的成立。如果在路上没有通过 f，那么路径 $abc……g$ 就是通过桥 f 所连接地区诸多路径中的一个，进一步说，如果 f 桥是由设置桥 a，b 地区 B 的通达，那么 $fbc……ga$ 这条路径的长度就要比 $abc……g$ 这条路径的长度长一个单位。然而，我们刚才把 $abc……g$ 这条路径设为最长的路径，所以这条路径能够符合题目的要求。

再回到问题 2，如果题目的要求是每座桥要经过 2 次，那么这个问题就解决了。因为桥的数量是原来的 2 倍时，图中 4 个地区就都是偶数地区了。

如果 *A* 和 *B* 这两个地区是奇数地区，我们来找出符合题目要求的路径。如果在 *A* 和 *B* 之间设置新桥 *A*，那么所有地区又都是偶数地区了。由前面所说的我们能知道，这条路是存在的。因为这条路是封闭的，所以可以任选一座桥，把两端为 *A* 与 *B* 的线路 *abc……g* 看成符合问题要求的路线。这是非常简单的。

在解决问题后，可以实际操作一下。由于问题比较简单，而且我们也知道了怎样去寻找路线，所以这对我们来说是一件很容易的事情。

4. 旅行者

上述问题可以变化为其他方式来问。如果现在有一个旅游爱好者，他想在所有国家的边境上绕一圈，然后走遍欧洲所有国家，他该怎么走？

这个问题和过桥的问题相似，所有国家和国境就相当于过桥问题中的各个地区和河面上的桥梁。

5. 一笔画的问题

一个富翁出了这样一个问题：如果有人能画出图 83 中的图形，就可以得到 100 万卢布，但要按照他的要求去画。他的要求是用一条连续的线画这个图。在画图的过程中，笔不能离开纸，而且所有部分都不能重复两次。

这个问题看似简单，但实际上无法做到。它之所以无法完成，是因为比富翁要求画的图形更简单的图形——四角形和两条对角线——一笔根本就画不出来。

有人会说，很多比这个图形还复杂的图形都能用一笔画出来，这个问题真的没有答案吗？比如图 85 中，凸五角形和对角线组成的图形，就可以用一条连续的线画出来。

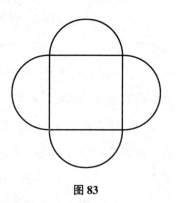

图 83

依此类推，所有有奇数边的多角形和它本身所有对角线组成的图形都可以一笔画出来。同时，当这个图形的边数是偶数时，就无法用一笔画出来。

（这句话不是书里的：图 83 是不是配图错了？中间的方块里应该有两条对角线吧？否则这个图能画出来啊！）

达到这点后，我们就能轻易地辨别出一幅图是否能用一笔画出来了。解决这类问题，也可以参考前面说的过桥问题。

如图84所示，我们以四边形和它的两条对角线为例，看看如果所有部分都不能重复两次，能不能用一笔把这个图画出来。

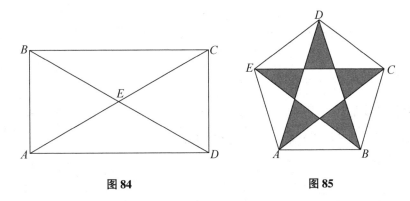

图84 图85

在这幅图里，A，B，C，D，E这五个点就相当于过桥问题里的各个地区，它们之间的连线就相当于桥梁。在这5个地区里，有1个偶数地区和4个奇数地区。所以，当每座桥不走两次的条件下，无法通过所有桥梁。也就是说，在画这幅图的时候，所有部分都不能重复两次时，不可能用一笔画出。

因此，一笔画图问题和过桥问题是有着相同之处的，由其中的一个问题可以推导出另外一个问题。

有奇数边的多角形和它本身所有对角线组成的图形都可以一笔画出来这个问题，一定要和过桥问题里所有地区都是偶数地区相对应才行。

无论构成图形的线是直线还是曲线，也不管这个图形是平面的还是立体的，原理都一样。例如可以很轻松地用一笔画出一个正八面体的边，但按照同样的要求画其他凸多面体就比较困难了。

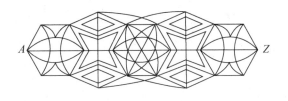

图86

再来看图87和图88，这两幅图虽然比图86简单许多，但是却不能用一笔画出来，因为它们延伸的线为奇数的点分别是8个和12个。也就是说，图87需要4笔才能画出来，而图88需要6笔才能画出来。

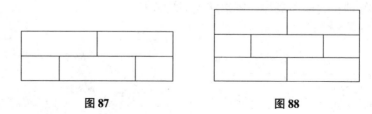

图 87   图 88

这样的图形还有很多。

请大家把图89中的图形用一笔画出来。

图 89

6. 工作岗位

在一个车间里有10台机器和10名工人，他们每人能够同时使用2台机器，并且所有的机器都能同时被使用。怎样才能让工人各就各位操作自己的机器呢？

数学小漫画

 问：

工人在贴瓷砖时发现瓷砖的数量少了一块，他想把原来的瓷砖切开后再做成一个比原来稍微小一些的正方形瓷砖。用什么方法切瓷砖效率是最高的呢？

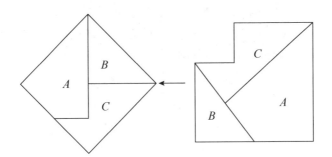

 答：

按照图中所示的切法就可以了。

十六、迷宫

　　走迷宫这类游戏有着非常悠久的历史，关于它的起源也成为传说了。很多人认为，有些复杂的迷宫，人只要进去，在没有奇迹出现或得到帮助的情况下，是永远也走不出来的。但实际上，所有的迷宫都是有出口的，即使是非常复杂的迷宫。在研究这类问题之前，我们先来说一下和迷宫有关的历史。

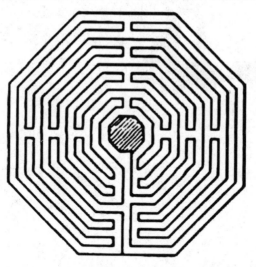

法国圣昆丁教学的地板用石块砌成迷宫，
入口在下方为垂直形态

　　"迷宫"这个词的起源是希腊语，原来的意思是"地下的道路"。不只是在地下，在我们生活的社会环境里，存在大量的道路、走廊、巷子，它们向不同的方向延伸，又在某处和其他道路、走廊、巷子交会。很多人走进迷宫后就会迷路，由于找不到食物和水，只能惨死在迷宫里。

在开采矿藏时，会在山里或地下挖掘一些矿坑，有人把它们叫作"地下坟墓"，这也属于人造迷宫的一种。

此外还有很多天然形成的洞穴，古人见过之后，就会产生一种想法：能不能仿造这些洞穴造出人工的建筑呢？古埃及作家的笔下就提到了人造迷宫。由于迷宫是由许多条道路交叉形成的，其目的是让进入的人困在里面，所以迷宫的内部构造非常复杂。由此也产生了许多和迷宫有关的传说。

法国圣昆丁教学的地板用石块砌成迷宫，入口在下方垂直。

在这些传说里，最广为人知的迷宫是泰达路斯（Daedalus）在爱琴海中的克里特岛（Crete）上给米罗斯设计的迷宫。这个迷宫的中心生活着一个吃人的怪物，它的样子是牛头人身，走进迷宫的人要是不能及时走出去，就会被这头怪物吃掉。米罗斯是个残暴的君王，他强迫雅典人每年交出七对童男童女给怪物吃。后来一个叫希修斯（Theseus）的王子杀死了怪物，还用亚瑞妮（Arachne）公主给他的一个线卷成功走出了迷宫。后来"亚瑞妮之线"这个词就成为一句西方著名的格言，用来比喻在问题复杂的条件下找到解决问题的方法。

无论迷宫是什么样的，构成迷宫的墙壁和地面都是采用建筑技术做出来的；也有的迷宫是用色彩丰富的石头在墙壁和地面上做出复杂的图案；还有的迷宫在墙壁和地面上雕刻出花纹，现在还能见到很多古代迷宫的遗迹。

12 世纪前期，迷阵非常流行，法国就修建了很多用石头做成的迷阵。教堂的地上也会刻上迷宫的图案，这种图案被称为"通往耶路撒冷之路"，以此告诫人们，只有战胜了困难才会到达天国，迷宫的中心被称为"天国"就是这个原因。

在 19 世纪，很多欧洲国家的人都用迷宫图案在衣服上作装饰，尤其是皇室成员，这些装饰图案至今还能在教堂的墙壁上看到。之所以会把这么复杂的图案作为装饰，其目的就是为表示人生的艰难和要面临的很多疑惑。

在英国，教堂的地板上一般不会刻上迷宫图案，但他们喜欢把迷宫修建在森林或草原上，还把这种建筑称为"牧童的足迹"或"特洛伊城"。英国著名戏剧家莎士比亚在他的作品中就多次提到过这种迷阵。

这些都是和迷宫的历史有关的知识，并不是数学问题。随着时间的推移，很多迷宫图案都已经消失不见，迷宫存在的意义也发生了变化，今天迷宫已经成为一种游戏方式。在一些公园里也会看到比较简单的迷阵：一般是在草地上用几条相互交叉的小路做成一个复杂的图形，让人作为娱乐之用。

迷宫的历史非常久远，同时和迷宫有关的问题也是由来已久了，很早的时候就有人喜欢研究迷宫，想方设法找到出口。如果这个迷宫是没有出口的一类，那么就要找到从入口走向中心的路线，或者从迷宫中心走向入口的路线。有这样一个疑问，在解决迷宫问题或者设计迷宫时，不按照数学方法可以做到吗？

这个问题很久之后才被解决，揭开谜题的人仍然是大数学家尤拉。他得出

的结论是，不存在没有出口的迷阵。至于一些具体的迷宫问题，可以很容易解决。

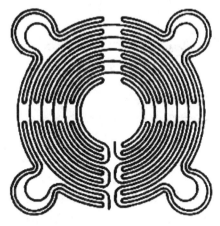

◎ 有关迷宫问题的几何学结构

构成迷宫的各条道路向不同的方向弯曲，这些路线之间也会互相交叉，交叉之后可能会继续向其他方向延伸，也可能会无法继续向前走。在解决这类问题的时候，我们可以先用直线或曲线表示构成迷宫的道路，用点来表示路线的交叉点。然后，再把这些交叉点连接起来就可以了。

在由线和点做成的迷宫平面图上，从点开始按照线的方向移动，在不离开图形而到达任意点的时候，这个图形就形成了一个几何学的迷阵。

为了让这个条件更加充足，我们要进行如下证明：这个点在移动的过程中没有跳跃的条件下，用线来画出迷阵。同时要证明这个迷阵里每条线都能走两次。从满足这个条件的点出发，就一定会走出迷阵。

由于迷阵里所有路线都要走过两回，从这个网路里所得到的图形就可以一笔画成。然而当一个人被困在迷宫里的时候，他不能看到整个迷宫是什么样的，所以他面临的情况更加复杂。于是限制他证明的确能绕一圈。

在证明之前我们先做一个游戏，通过这个游戏我们不仅可以更加了解之前所说的道理，还能让我们更好地理解证明。游戏是这样的：

先在纸上任意画出几个黑点，然后把这些黑点任意两个分成一组，再把同一组的两个点用直线或曲线连在一起，所有的线就构成了一个几何学网路。例如一个城市的街道、一个国家的交通运输网、各个国家之间的边界等都可以被称为几何学网路，又叫作迷阵。（开始的时候，不要设计过于复杂的网路。）

拿一张比较厚的纸，在上面挖一个小洞，通过这个小洞要能看到刚才画的那个网路，即迷阵的一部分。为什么要做这个工具呢？因为如果不这样，我们就会看到整个迷阵，那么就容易被复杂的图形迷惑。然后把这个小洞向迷阵里任意一个2条线的交会处移动，先把这个点命名为点A。在通过这个小洞观察的时候，还要把每条路线都经过两遍（来回各一遍），最后回到点A。为了记住走过的路线，在移动的过程中离开或进入交叉点时，要在线路上标记连字号。在这些连字号的帮助下解决问题之后，再从一个交叉点走到另一个交叉点。

如果真的处于迷阵中，那么走迷阵的人就要在自己所在的地方用别的记号记下来，在离开或进入交叉点时，可以用一块石头作为记号。

现在我们再回过头研究一下迷阵是否能走出来，根据前面的证明，就可以找出具有一般特点的迷宫问题的答案。

迷宫问题的解答：

规则Ⅰ：从第一个交叉点开始出发，沿任意一条线向前走，一直走到不能继续走，这时候会出现新的交叉点或尽头：

①当走到新的交叉点时，选择新路继续走，这时要在新路上做好标记。

②当无法继续走的时候，就要走回来，然后把这条路排除。

图90的意思是按照箭头f走到一个交叉点后，再按照箭头g继续走，在离开或进入交叉点的两条路上都做上标记（图90用十字形表示这个标记）。

第一次遇到交叉点的时候，可以按照规则Ⅰ的规定，但肯定会出现这样的情形，即会遇到已经走过一次的交叉点。这时又会面临两个新情况：第一个是通过走过一次的路来到交叉点；第二个是通过没有走过的路来到交叉点，所以要按照这样一个规则。

规则Ⅱ：如图91所示，在通过没有走过的路来到已经经过一次的交叉点后，这条路上记号的数量是两个，即代表到达和出发，一定要回到原来的方向。

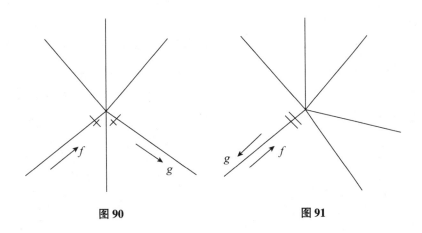

图 90　　　　　　　　　　　　图 91

规则Ⅲ：如图 92 所示，在按照原来的路来到一个新的交叉点时，路上记号的数量就是 2 个。在有新路的时候，就选择按照新路的方向继续向前走；如图 93 所示，在没有新路的时候，就要找到一条走过的路继续向前走。

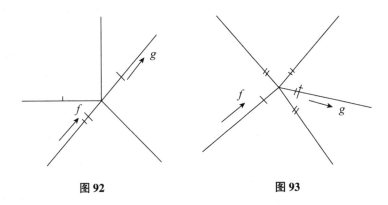

图 92　　　　　　　　　　　　图 93

在遵守规则的情况下，就能走回出发的地方。如果先考虑这些情况，就会从根本上证明并了解这类问题。

①出发点，如果从点 A 出发，就要做好标记（即横切线的连字号）。

②按照上面所说的 3 个规则，通过任意一个交叉点时，在集中那点的路上会增加两个标记（即横切线的两个连字号）。

③在走过迷宫任意一点时，即离开交叉点后或到达新的交叉点前，最开始的出发点标记（连字号）个数是奇数，除此之外的交叉点标记个数是偶数。

④在所有时候，最初那个交叉点只有 1 个标记的路线只有 1 条，剩余交叉

点各有 1 个标记的路线恰好是 2 条。

⑤绕迷阵一周后，经过任意交叉点的路线上都有两个标记，这些事实使问题的条件更加充足了。

如果能考虑到这几种情形，就可以知道当一个人从点 A 到另外的点 M 时会非常容易。实际情况是，无论他到达什么地方，经过的路不是一条新路就是一条已经走过的路。走新路时可以按照规则 I 和规则 II，走已经走过的路到达点 M 时，这个点的标记是奇数。所以，即使找不到新路也没什么，按照已经走过的路继续走就好了。按照注意事项里的第三条，在不是交叉点的情况下，那么交叉点的标记数个数就是偶数了。

如果走完全程，又回到原点 A，那么我们把这条路线命名为 ZA，意思是这条路线两端的点是 Z 和 A，而且是从 A 点先出发。如果一定顺着这条路回到原点，那么说明从没被走过两次的 Z 无法到达其他路线，否则就是违背了规则 III 的规定。除此之外，还说明像注意事项中第四点所说的，还有另外一条路线 YZ 只通过一次，按照这种方式回到原点 A 时，通过 Z 点的路线才会各自有两个标记。采用相同的办法，就可以证实之前的交叉点 Y 和其余所有交叉点。也可以认为，这个课题的证明过程已经结束，同时迷宫问题也得到了解决。

数学小漫画

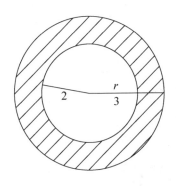

 问：

　　有一个圆形的蛋糕，把它按照图中所示切开，内部和外部两块蛋糕哪个大一些呢？（内侧圆和外侧圆直径之比是2：3。）

答：

　　由圆的面积公式可知，内侧圆和外侧圆面积比是4：9，所以外侧蛋糕的面积是9－4＝5。因为外侧是5，内侧是4，所以外侧那块蛋糕大。

1. 令人头晕的迷阵

如图 94 所示，这是一个迷阵，我们说一下解决这个迷阵问题的方法。这幅图里用虚线和点画线来表示路线，用实线来表示隔开的线。依靠图中的提示，先从 A 点到 C 点，再从 B 点到 F 点。

图 94

到达 C 点后，把通往 D 的 3 条路分别命名为 1，2，3；同样，到达 E 点后，要把通往 F 的 3 条路分别命名为 4，5，6，从 C 到 E，从 D 到 F，从 D 到 E，都有虚线、实线、点和星号的道路，所以为了方便，可以用图 95 来表示这种情况。这个图形很容易看明白。所以同一条路不走两次的要求再加上这些条件，从 A 点到 B 点的走法多达 640 种，这真是令人头晕的迷阵。

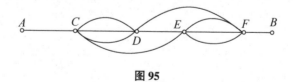

图 95

2. 凉亭

图 96 是一个公园的平面图，在公园中心有一个凉亭，要怎样才能从出口走到凉亭呢？如果理解了之前所说的，那么就会很轻松地解决这个问题。为了

更快速地找到答案，可以选择从凉亭出发找出口这种方式，有兴趣的话可以试一试。

3. 另一种迷阵

图 97 也是一个很有意思的迷阵，怎样才能用最短的距离到达中心？

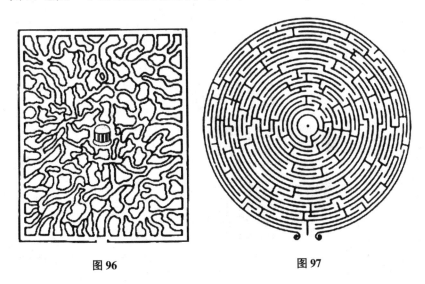

图 96   图 97

4. 英国国王的迷阵

图 98 是英国国王威廉三世的一座庭园，这个庭园是一个用树和栅栏做成的迷阵。栽树的道路长度约为 800 米，在庭园中心栽着 2 棵树，在这 2 棵树下各有一张长椅。

图 98

如何才能走到庭园中心后再离开庭园呢？那就是说，从你走进这个迷阵的时候起，一直到离开，要让栅栏始终在你的右侧。

数学小漫画

 问：

这幅图是从太极图变化而来的，已知 A 的面积和 B 的面积相等，请问 A，B，C 三部分的面积比是多少？

答：

A，B，C 三部分面积相等，所以它们之间的比是 $1:1:1$。

先按照图中所示把这个大圆用直线分成相等的两部分，其中 A'，B'，C' 这 3 个半圆半径的比是 $1:2:3$，由圆的面积公式可知，3 个半圆的面积比是 $1:4:9$。

这时 A'，B'，C' 各自被划分出来的面积分别是

$A'=1$，$B'=4-1=3$，$C'=9-4=5$

所以，A'，B'，C' 之间的比是 $1:3:5$。

同样，A''，B''，C'' 之间的比是 $5:3:1$。

由此可知：$(A'+A'')$ $(B'+B'')$ $(C'+C'')$ 之间的比是 $1:1:1$。

一、奇妙的问题

1. 这 5 个人里有 1 个人是把苹果和篮子一起拿走的。

2. 大部分人会认为：角落的猫是 4 只；它们对面各有 3 只，共 12 只；所有猫的尾巴上共有 16 只。这样的话，这间房子里一共有 32 只猫了。这种想法有一定的道理，但更有道理的答案是房间里只有 4 只猫。

3. 大部分人会认为正确答案是在第 8 天，但实际上，当裁缝剪到第 7 天时这块布料就剪到最后 1 块了。

4. 先把 666 写在纸上，再把这张纸旋转 180°，666 就变成 999 了，而 999 正好是 666 的 1.5 倍。

5. 有，$\dfrac{-3}{6}$ 就等于 $\dfrac{5}{-10}$。

6. 如果认为马蹄铁是图 99（a）那样，那么一块马蹄铁砍两次最多能得到 5 块。当马蹄铁的形状像图 99（b）那样，那么一块马蹄铁砍两次就可以得到 6 块了。

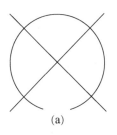 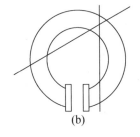

(a)　　　　　　(b)

图 99

7. 智者对两名选手说的话大概是这样的："你们骑对方的马试试看。"这样一来，为了让自己的马后到终点，两名选手肯定要争先恐后地骑对方的马往前冲。

数学小漫画

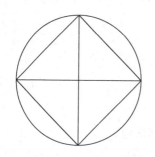

问：

　　怎样在笔不离开纸面的情况下一笔画成这幅图？要求同样的线条只能画一次。

答：

　　答案需要你独立去想。

二、火柴棒的问题

（1～18 的问题请参照下面的图）

1. 图 100

2. 图 101

3. 图 102

4. 图 103

5. 图 104

6. 图 105

7. 图 106

8. 图 107

9. 图 108

10. 图 109

11. 图 110

12. 图 111

13. 图 112

14. 图 113

15. 图 114

16. 图 115

17. 图 116

18. 图 117、图 118

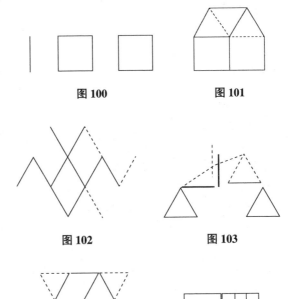

图 100   图 101

图 102   图 103

图 104   图 105

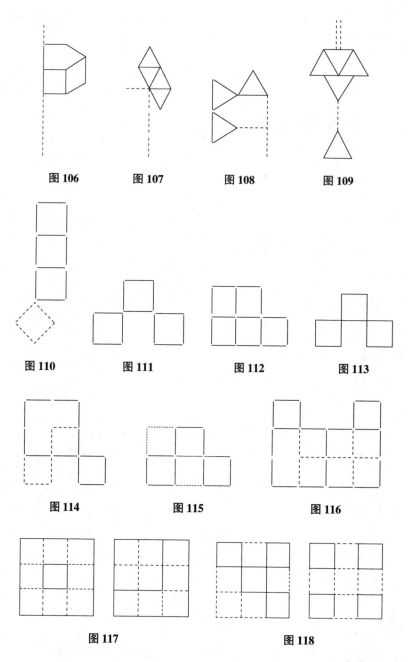

图 106　　　　图 107　　　　图 108　　　　图 109

图 110　　　　图 111　　　　图 112　　　　图 113

图 114　　　　　图 115　　　　　图 116

图 117　　　　　图 118

19. 这个问题虽然看起来简单，但不太容易想到，因为要把这个用火柴棒做成的图形想象成立体的才可以。答案如图 119 所示，用火柴棒做成四面体才符合要求。

20. 先把 1 根火柴棒 A 放在桌子上，再用 14 根火柴棒和火柴棒 A 垂直，让它们紧挨在一起。此时火柴棒的前端要突出 A1.0～1.5 厘米，后端要紧挨着桌子（如图 120 所示）。然后把最后 1 根火柴棒放在 14 根火柴棒互相交叉的上方，和火柴棒 A 平行。当用手捏住火柴棒 A 向上提起时，其余 15 根火柴棒也会被一起抬起来（如图 121 所示）。

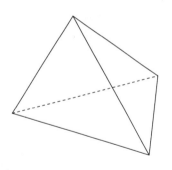

图 119

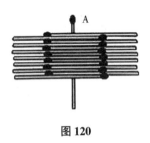

图 120

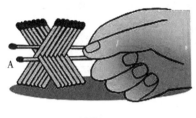

图 121

数学小漫画

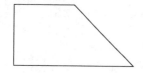

 问：

左图是一个正方形与半个正方形。

怎样把左侧这个图形分成 4 个部分，并且这 4 个部分是一样大的？

 答：

答：如左图。

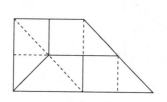

三、想法和数法

2. 很多人会认为答案是 7 艘，但这是不对的，因为要加上已经从纽约向哈佛尔驶出的船和即将从纽约出发的船。

在这艘船从哈佛尔驶向纽约的同时，这家公司向哈佛尔方向航行的船是 8 艘。这 8 艘船里，1 艘已经到达哈佛尔，另 1 艘刚从纽约出发。

所以这艘船从哈佛尔驶向纽约会遇到这 8 艘船。另外，在这 7 天里，从纽约也有 7 艘船向哈佛尔方向航行（最后一艘是在抵达纽约时出发），它们也会和由哈佛尔驶向纽约的船相遇，所以这道题的答案是 15 艘。

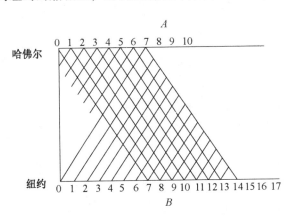

图 122

如图 122 所示，在这幅图里横轴表示天数（上哈佛尔；下纽约），A 到 B 的斜线表示汽船航行的情形。每艘汽船在半路上都会遇到从目的地方向行驶过来的船，一共有 15 艘。通过这张图我们还可以知道，两艘船相遇的时间是中午或半夜。

3. 这个问题可以从后往前想。已知最后一个人得到的苹果是完整的一个，就可以知道第五个人买了 2 个，第四个人买了 4 个……所以苹果的总数是 $1 + 2 + 4 + 8 + 16 + 32 = 63$ 个。

4. 很多人是这样认为的：在 24 小时的时间里，蜗蛉向上爬 5 米后又向下滑 2 米，它 24 小时一共能向上爬 3 米，所以它要用 72 小时才能爬到 9 米处，也就是星期三早上 6 点。然而，这个答案是不对的。

因为 48 小时之后，蜗蛉所在的地方是 6 米处。从星期二早上 6 点开始，它又继续往上爬，12 小时后的晚上 6 点时，它已经爬到 11 米高的地方了。所以，通过计算就能知道，蜗蛉爬到 9 米处的时间是星期二下午 1 点 12 分。

5. 在这个问题里，苍蝇一直不停地飞是关键。根据题意可知，苍蝇飞了 3 小时，所以用速度乘以时间可知苍蝇一共飞了 300 千米。

6. 这个问题和上一个问题类似，狗从谁的身边开始跑不重要。已知 4 小时后，后出发的人追上先出发的人，所以 4 小时内狗跑的路程是 $4 \times 16 = 64$（千米）。

7. $10a + 5$ 可以表示所有个位上是 5 的两位整数，a 等于十位上的数字，因此：

$$10(a + 5)^2 = 10^2 a^2 + 2 \cdot 5 \cdot 10a + 5^2$$
$$= 100a^2 + 100a + 25$$
$$= 100a(a + 1) + 25$$

所以想快速算出 $10a + 5$ 的平方，在 $(a + 1)$ 和 a 的右边写上 25 就可以了。

同样的道理，无论一个数有几位，只要个位上的数字是 5，就能用同样的方法算出它的平方，如果数很大，就需要在纸上写出来了。如：

因为 $10 \times 11 = 110$，所以 $105^2 = 11025$

因为 $12 \times 13 = 156$，所以 $125^2 = 15625$

因为 $123 \times 124 = 15252$，所以 $1235^2 = 1525225$

8. 把个位数字 2 移动到首位，这个数字就扩大了 2 倍。所以，倒数第 2 个数字是 $2 \times 2 = 4$

倒数第 3 个数是 $2 \times 4 = 8$

倒数第 4 个数是 $2 \times 8 = 16$

倒数第 5 个数是 $2 \times 6 + 1 = 13$

继续这样算下去就会得出结果，同时这个数最高位上的那个数一定是 1。所以，当计算到一个数字乘以 2，再加上从后面那位移上来的 1 时，结果是 1 就不用再继续算了，所以满足题目的答案的数是 105263157894736842。

这只是其中的一个答案，当我们按照上面的方法不断计算下去时，还会得到更多的答案，并且这些答案都是由这组数字组成的。

9. 一个数加 1 后就能被 1，2，3，4，5，6 整除，所以这个数是 1，2，3，4，5，6 的倍数，这个数应该是 60 或 60 的倍数。

另外，这个数还能被 7 整除，所以要在 60 的倍数里找一个减 1 还能被 7 整除的数，符合要求的最小数是 120，所以这道题答案的最小数是 119。

11. 每捡一个苹果，就要先从放篮子的地方走到放苹果的地方，捡起苹果后，再往回走到放篮子的地方，然后再去捡下一个苹果……全部捡完所走的路程就是从 1 加到 100 再乘以 2，即 $101 \times 100 = 10100$（米）。

12. 钟每天敲响最多的次数是 12 次，因此，从 1 加到 12 就可以知道结果了。但是，还按照之前的方法，认为计算方法是 13 乘以 12 再除以 2，这是不对的。因为题目中问的是一昼夜，从 1 到 12 时的时刻是 2 次，所以最后不用除以 2，正确答案是 156 次。

如果钟在半点也敲一下的话，再加上半点的数字（24 次）就可以了。

14. 我们用一个图形来说明这个问题：

先画出一个内部格子数量是 n^2 的正方形，如图 123 所示，这时 n 的值是 6。然后按照图中所示用不同的斜线画进对应的格子里。从左上角开始数，第一部分有 1 个格子；第二部分（即空白部分）有 3 个格子；第三部分有 5 个格子，……数到第 n 部分时，格子的数量就是 $2n - 1$ 个。所以，一共有多少个格子的计算方式如下：

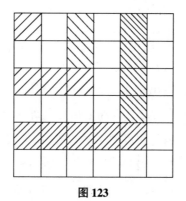

图 123

$$1 + 3 + 5 + 7 + \cdots + (2n - 1)$$

所以题目中的规则是成立的。

数学小漫画

 问：

怎样才能一次把一张正方形的纸剪成 4 个正方形（纸可以折）？

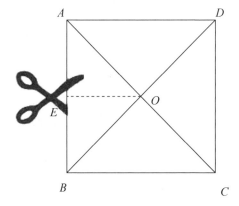

 答：

具体做法如下：

①把这张纸沿对角线 BD 对折。

②再沿对角线 AC 对折。

③最后沿线段 EO 剪开就可以了。

四、渡河与旅行

1. 解决方法如图 124 所示。

2. 先让两个少年把船划到对岸，其中一个少年 A 留在对岸，另一个少年 B 回到士兵这里，B 上岸后一个士兵再划船到对岸。士兵到达对岸后，少年 A 划船回到士兵这里，然后载少年 B 到对岸。少年 B 下船之后，少年 A 把船划回士兵这里，然后第二个士兵往对岸划……就这样重复下去，士兵就能全部过河。

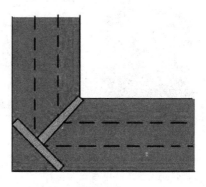

图 124

3. 农夫一定要先把羊带过去，然后返回把狼带过去，再将羊载回来，接下来把羊留在岸上，将高丽菜带过去，最后农夫自己返回，再次把羊带过去。

4. 假设三个骑士是 A，B，C，他们的随从分别是 a，b，c，他们面临的问题如下图所示：

此岸	对岸
ABC	· · ·
abc	· · ·

①让两个随从先过河。

$A\ B\ C$	· · ·
· · c	$a\ b$

②一个随从返回，和最后一个随从过河。

$A\ B\ C$	· · ·
· · ·	$a\ b\ c$

③一名随从返回，和自己的主人在一起，剩下两名骑士则到对岸和自己的随从在一起。

$$\begin{array}{cc|cc} \cdot & \cdot\ C & A\ B & \cdot \\ \cdot & \cdot\ c & a\ b & \cdot \end{array}$$

④让一名骑士（图中的 B）和自己的随从返回，把自己的随从留在岸上，载着剩下的那名骑士（图中的 C）划到对岸。

$$\begin{array}{cc|cc} \cdot & \cdot\ \cdot & A\ B\ C \\ \cdot\ b & c & a\ \cdot\ \cdot \end{array}$$

⑤随从 a 返回，和一名随从（图中的 b）过河。

$$\begin{array}{cc|cc} \cdot & \cdot\ \cdot & A\ B\ C \\ \cdot & \cdot\ c & a\ b\ \cdot \end{array}$$

⑥最后骑士 C 回来把自己的随从载到对岸。

$$\begin{array}{cc|c} \cdot & \cdot\ \cdot & A\ B\ C \\ \cdot & \cdot\ \cdot & a\ b\ c \end{array}$$

5. 在这种情况下，是无法做到的。

首先把船在对岸设为奇数，回到此岸设为偶数。如果现在对岸骑士的人数是 3 个以上，那么最小的奇数号码可以表示为 $2k-1$。因为这艘船一次只能载 2 人过河，所以在这之前，从此岸划向对岸要进行 $2k-1$ 次过河的时候，在对岸一定要留下一名骑士。如果刚才说的 $2k-1$ 是最小号码，那么进行 $2k-1$ 次过河的时候，对岸的骑士人数只能是一位或两位。

如果是一位骑士，就分别用 A，B，C 表示留在此岸的三位骑士，用 D 表示对岸的骑士，再用 a，b，c，d 表示他们的随从，在问题的要求下，所有人要进行 $2k-1$ 次过河的情况只有如下图所示这一种：

此岸	对岸
ABC	D
abc	d

当进行 $2k$ 次过河的时候，谁是坐船的呢？如果是骑士 D，那么在进行 $2k+1$ 次过河的时候，对岸骑士的人数就是 2 人以下，不符合假设条件。所以，只有随从 d 能在进行 $2k$ 次过河的时候坐船。但要是这么做，随从 d 就必须在没有自己主人的情况下和其他骑士在一起，这也不符合问题的要求，因此是一

位骑士的情形不可能出现。

现在我们研究一下第二种情况，即在进行 $2k-1$ 次过河的时候，骑士 A 和 B 留在此岸，骑士 C 和 D 在对岸，如下图所示：

此岸	对岸
AB	CD
ab	cd

当进行 $2k$ 次过河的时候，谁是坐船的呢？假设是骑士 C 或 D，那么在由骑士 A，B 进行 $2k+1$ 次过河的时候，随从 a，b 里一定要有一个人离开主人。或者是在进行 $2k$ 次过河的时候，如果是随从 c 或 d 离开主人回到此岸，那么就会和 A，B 两名骑士在一起，不符合题目要求。这个假设也是不成立的。

由此可以看出，在问题给出条件的情况下，是无法让 3 名以上骑士过河的。

数学小漫画

可利用火柴棒实际做做看。

 问：

这是一个用 13 根木头所围成的羊圈，每个羊圈大小相同。当拿去其中一根木头后，还能做成同样大小的羊圈吗？

 答：

如图。

6. 先用 A，B，C，D 表示四位骑士，再用 a，b，c，d 表示他们的随从。开始时如下图：

```
此岸    │ 对岸
ABCD    │ · · · ·
abcd    │ · · · ·
```

①三个随从 b，c，d 先过河。

```
A B C D  │ · · · ·
a · · ·  │ · bcd
```

②随从 b 返回此岸，骑士 C，D 过河。

```
AB · ·   │ · · CD
ab · ·   │ · · cd
```

③骑士 C 和随从 c 返回此岸，再把骑士 A，B 带过去。

```
· · · ·  │ A B C D
a b c ·  │ · · · d
```

④随从 d 返回此岸，再把随从 b，c 带过去。

```
· · · ·  │ ABCD
a · · ·  │ · bcd
```

⑤任意一个随从回到此岸，把 a 带过去。

```
· · · ·  │ ABCD
· · · ·  │ abcd
```

7. 把这 8 个人如上题命名。开始时如下图：

```
此 岸 │岛│ 对 岸
ABCD  │  │ · · · ·
abcd  │  │ · · · ·
```

①骑士 D 把随从 d 带到岛上，再自己返回此岸。

```
ABCD  │  │ · · · ·
abc · │d │ · · · ·
```

②骑士 C 把随从 c 带到对岸，再自己返回此岸。

```
ABCD  │  │ · · · ·
ab · ·│d │ · · c ·
```

③骑士 C 把骑士 D 带到岛上，再到对岸带着随从 c 返回此岸。

$$ABC \cdot \left| D \right| \cdot \cdot \cdot$$
$$abc \cdot \left| d \right| \cdot \cdot \cdot$$

④这时可以按照第 45 题的方法，让骑士 A，B，C 和他们的随从到达对岸。

$$\cdot \cdot \cdot \cdot \left| D \right| ABC \cdot$$
$$\cdot \cdot \cdot \cdot \left| d \right| abc \cdot$$

⑤骑士 A 带着自己的随从来到小岛，把随从留下后把骑士 D 带过河。

$$\cdot \cdot \cdot \cdot \left| \right| ABCD$$
$$\cdot \cdot \cdot \cdot \left| ad \right| \cdot bc$$

⑥随从 c 先把 a 带过河，再返回把 d 带过河。

$$\cdot \cdot \cdot \cdot \left| \right| ABCD$$
$$\cdot \cdot \cdot \cdot \left| \right| abcd$$

8. 图 125 是火车站附近的铁路示意图。

先让火车 B 继续往前走，直到整个列车驶过避让线入口。然后火车 B 以倒车的方式退入避让线，在所有能容下的车厢进入避让线后，让火车头带着多余车厢继续往前走。当火车 A 整个列车驶过避让线入口后就停下来，接着把火车 A 的车尾和火车 B 留在避让线里的部分连在一起，再把火车 B 留在避让线里的部分拖出来，这时火车 A 倒车，倒过正轨和避让线的交叉口后停下，再把火车 B 的车厢卸下来。这时火车 B 退进避让线，然后火车 A 就可以过去了。等火车 A 过去后，火车 B 的车头就带着部分车厢驶出避让线，再和正轨的车厢连起来，这样火车 B 就可以在火车 A 后面进站了。

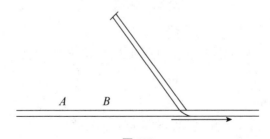

图 125

9. 图 126 是船只、河流、河湾情况示意图。

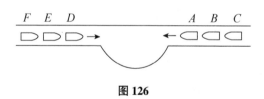

图 126

　　先让 B 和 C 向右行驶（后退），让 A 进入河湾，接下来 D, E, F 向前行驶，驶过 A 所在的河湾后，A 继续向左行驶，这样 A 就可以继续前进了。接下来让 D, E, F 退回河湾左侧，让 B 像 A 一样通过，最后 C 也可以按照同样的方法通过。

五、分配的问题

1. 把其中的 3 块饼干都分成 2 等份，这样就会得到 6 块一样大的饼干。接下来再把剩下的 2 块饼干都分成 3 等份，这样又会得到 6 块一样大的饼干。把这 12 块饼干分给他们，这个过程中没有被分成 6 等份的饼干。

2. 他们说的都不对，3 个人吃了 11 个馒头，说明每个人吃了 $\frac{11}{3}$ 个馒头。帕威尔一共有 7 个馒头，他吃掉 $\frac{11}{3}$ 个后，分给路人的是 $7 - \frac{11}{3} = \frac{10}{3}$（个）；尼基塔一共有 4 个馒头，他吃掉 $\frac{11}{3}$ 后，分给路人的是 $3 - \frac{11}{3} = \frac{1}{3}$（个）。

由于路人吃了 $\frac{11}{3}$ 个馒头后拿出 11 戈比，所以路人的 1 戈比可以买 $\frac{11}{3}$ 个馒头。如前所说，帕威尔拿出了 $\frac{10}{3}$ 个馒头，尼基塔拿出了 $\frac{1}{3}$ 个馒头。所以路人应该分给帕威尔 10 戈比，分给尼基塔 1 戈比。

3. 这个办法是这样的，仍然由伊凡来分：

首先，伊凡按照自己觉得公平的方式把麦子平均分成 3 堆，然后让彼得决定哪堆是最小的。如果尼克莱也觉得这堆少于 $\frac{1}{3}$，那么这堆就归伊凡，其他 2 堆就用以前的办法来分。如果尼克莱认为其中一堆大于 $\frac{1}{3}$，就把他认为大于 $\frac{1}{3}$ 的这堆分给他。剩下的两堆先让彼得选择，剩下的最后一堆就是伊凡的。

4. 由于这些木桶都是一样的，所以 3 个人每人得到 7 个木桶。真正的问题是，3 个人每人能得到多少葡萄酒。

已知空木桶和装满葡萄酒的木桶各是 7 个，如果把 7 个装满的木桶里的葡萄酒分别倒出一半给 7 个空桶，这 14 个木桶每个木桶里就都有半桶葡萄酒了，此外还有 7 个原来就有一半葡萄酒的木桶。也就是说，把 21 个半桶的葡萄酒平均分给 3 个人。在所有葡萄酒不被倒出来的条件下，想要 3 人得到的酒桶数和葡萄酒数相同的分配方式是这样的：

	全满	半满	空桶
第一个人	2	3	2
第二个人	2	3	2
第三个人	3	1	3

也可以按照这种方式分配：

	全满	半满	空桶
第一个人	3	1	3
第二个人	3	1	3
第三个人	1	5	1

5. 这个问题有两个答案，都是把 8 斗酒在 3 个桶之间反复转移，最后分成两个 4 斗的方法。这两个图表中的数字表示转移后 3 个桶里酒的变化情况。

答1

	8斗	5斗	3斗
在还没倒之前	8	0	0
倒第一次以后	3	5	0
倒第二次以后	3	2	3
倒第三次以后	6	2	0
倒第四次以后	6	0	2
倒第五次以后	1	5	2
倒第六次以后	1	4	1
倒第七次以后	4	4	0

答2

	8	0	0
在还没倒之前	8	0	0
倒第一次以后	5	0	3
倒第二次以后	5	3	0
倒第三次以后	2	3	3
倒第四次以后	2	5	1
倒第五次以后	7	0	1
倒第六次以后	7	1	0
倒第七次以后	4	1	3
倒第八次以后	4	4	0

6. 答案如下表所示：

答案 1			答案 2		
16 斗	11 斗	6 斗	16 斗	11 斗	6 斗
16	0	0	16	0	0
10	0	6	10	0	6
0	10	6	10	6	0
6	10	0	4	6	6
6	4	6	4	11	1
12	4	0	15	0	1
12	0	4	15	1	0
1	11	4	9	1	6
1	9	6	9	7	0
7	9	0	3	7	6
7	3	6	3	6	7
13	3	0	14	0	2
13	0	3	14	2	0
2	11	3	8	2	6
2	8	6	8	8	0
8	8	0			

数学小漫画

问：

有个人非常不喜欢数字，他说："你看到'数'这个字的时候，就知道数字是没用的！"他这话的意思是什么？

答：

可以把"数"这个字拆成米、女和文三个字，"米"又可以拆成八、十、八。所以他的意思是，给八十八岁的女人写情书（文），完全没用嘛！

7. 答案如下表所示：

	答1			答2	
6斗	3斗	7斗	6斗	3斗	7斗
4	0	6	4	0	6
1	3	6	4	3	3
1	2	7	6	1	3
6	2	2	2	1	7
5	3	2	2	3	5
5	0	5	5	0	5

和分配有关的问题太多了，只通过答案来解释，还不能让大家明白为什么会这样，下面我们用图形法来进行研究。

以题7为例，在转移过几次后，假设前两个木桶里的葡萄酒分别是 x 和 y。需要注意的是，无论怎样转移，葡萄酒总量是恒定的，即 $4+6=10$（斗）。

所以，第三个木桶里的葡萄酒就是 $10-x-y$（斗）。

同时，无论怎样转移，每个桶里的酒都不能比这个桶的容量大，由此得到下列不等式：

$$\begin{cases} 0 \leq x \leq 6 \\ 0 \leq y \leq 3 \\ 0 \leq 10-x-y \leq 7 \end{cases} \quad 也就是 \quad \begin{cases} 0 \leq x \leq 6 \\ 0 \leq y \leq 3 \\ 3 \leq x+y \leq 10 \end{cases}$$

为了让作图更方便，我们先在纸上画出以 O 点为原点，以 x 轴为横轴，y 轴为纵轴的平面直角坐标系。再把和上面的不等式组相对应的点在 xOy 坐标上作出，把这个不等式组里所有点的集合用斜线表示出来。在图127中，四角形 $PQRS$ 围成的部分就是这个不等式组所有点的集合。点 A（$x=4$，$y=0$）是葡萄酒开始时的情况，点 B（$x=5$，$y=0$）是分配后的情况，这时第三个木桶里的葡萄酒正好是5斗。

现在我们用这个图表中的点来表示从 A 到 B 这个过程，把每两点依次连起来就会产生折线，用这条折线即可表示从 A 到 B 的整个过程。

接下来说明连接两点产生的这条折线的顶点和每条边需要的充分条件。

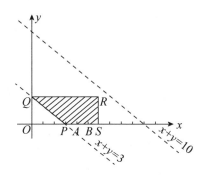

图 127

在转移葡萄酒的过程中，每次都要让一桶变空或者另外一个木桶装满葡萄酒时再停下来。也就是说，每次转移之后，至少有一个装满葡萄酒的木桶或是空桶。在四角形 PQRS 围成的部分里，哪个点符合这个条件呢？第一个木桶装满酒时（$x = 6$），符合条件的点在线段 RS 上；当第一个木桶空了的时候（$x = 0$），后两个木桶一定是满的（因为 $3 + 7 = 10$），只有点 Q 符合这个条件。由此可知，当第二个木桶变空时（$y = 0$），符合条件的点就在线段 PS 上；如果第二个桶装满葡萄酒，符合条件的点就在线段 QR 上。最后，第一个木桶和第二个木桶里的酒加起来不够 10 斗，可知第三个木桶里一定不是空的。反之，如果第三个木桶里装满葡萄酒，那么第一个木桶和第二个木桶里的酒加起来就是 $10 - 7 = 3$（斗），这时符合条件的点就在线段 PQ 上。不管怎样，符合条件的点都在四角形 PQRS 围成的这个图形边上。所以，问题的折线顶点也一定在四角形 PQRS 围成的这个图形边上。

由于每次倒酒都是从一个桶里倒进另外一个桶里，所以每次转移都有一个桶是不动的。假设这个不变的木桶是第一个（x 固定时），把转移对应的点连接成一条直线，这条线是平行于 y 轴的，这时候，线段上所有点在 x 轴上的坐标都一样；假设这个不变的木桶是第二个，那么它对应的折线部分就一定平行于 x 轴（y 坐标固定）；假设这个不变的木桶是第三个，第一桶和第二桶里装的葡萄酒的总量不变，也就是说，线段两端的 $x + y$ 等值，相对应的折线部分就平行于线段 PQ。总而言之，折线各边都和横轴 x、纵轴 y 或这两个轴夹角的平分线垂直。

为了让大家更明白，我们假设折线的边重合于四角形 $PQRS$ 的四条边，为什么这么做呢？因为这条边和横轴 x、纵轴 y 围成一个等腰三角形，所以第三个木桶和转移葡萄酒无关。而且当第三个桶里装满葡萄酒时，前两个木桶里装的酒就是 $x+y=3$（斗）。此时转移葡萄酒，会出现两种情况：第一个桶变空（$x=0$，点 Q），或者是第二个桶变空（$y=0$，点 P），在四角形 $PQRS$ 各边都会出现这样的情况。因此可以知道，当折线上任意部分和四角形 $PQRS$ 重合后，它的终点就会和 P，Q，R 或 S 中的一点重合。

然后我们就可以通过图形得到如下结论：由于折线的顶点都在四角形 $PQRS$ 边上，所以各部分都平行于横轴 x 或纵轴 y，或者和这两条轴形成等角。折线的边和四角形 $PQRS$ 四条边重合时，它的终点一定和四角形 $PQRS$ 某个顶点重合。

这样的话，问题就会简单许多，也更容易找到要求的折线（具体请看图 128 和图 129）。

需要注意的是，在画折线的时候，要让每部分都经过格子点，还要让折线的顶点和格子点重合，这样就很容易画出折线了。图 128、图 129 显示的折线，分别和答 1、答 2 是对应的，想证明这点也非常容易。

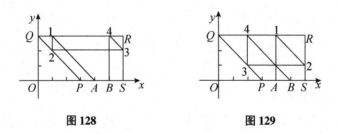

图 128　　　　　　　　　图 129

在问题 5 里，四角形 $PQRS$ 就变成一个平行四边形了；而在问题 6 里，四角形 $PQRS$ 就变成一个五角形了。在这类问题里，图形的边数最多是 6 条。具体解法和前面说的一样，只是 A，B 两点的位置会发生变化。

虽然用作图的方法有助于我们理解概念，但是作图比较浪费时间，还要用到纸和笔。所以我们现在不作图，只用作图的想法来解决问题。

两个木桶和多角形的顶点都达到极限状态时（此时，这两个全都盛满葡萄酒或都是空的，也有可能是一桶装满，另一桶是空的），葡萄酒可以这样

分配：

规则Ⅰ：首先，转移葡萄酒至少会让两个木桶达到极限。

从图形上看，即从点 A 开始画一条线，直到多角形的某个顶点才结束。

规则Ⅱ：在每次转移的时候，将上次转移时不动的那个木桶里的葡萄酒倒进其他桶里，在当时到达极限的一个木桶里葡萄酒量不变的条件下，绕一圈多角形各个顶点看一看。

通过图形我们可以知道，如果按照规则Ⅱ所说，就说明多次从多角形某个顶点移向同邻接的顶点。顶点的数量最多是 6 个，在规则Ⅱ用了 6 次后，就会再一次来到第一次经过的那个顶点，说明又回到从前用的分配方法。

如果按照规则Ⅰ的说法最后没能到达点 B，并且点 B 不是多角形的顶点，照规则Ⅱ所说的也无法抵达点 B，那么就要用到这个方式了。

规则Ⅲ：不管从点 A 还是多角形任意一个顶点出发，回到从前用的分配方法，在转移的过程中，会到达点 B 的分配方式。我们就会看到，在转移的时候，必须是到达极限的木桶和上一次转移不受影响的那个木桶一起参与才可以。

假设这是一个可行的方法，我们再看看这个图形，一定能发现方法只有一种（然而，从点 A 开始时，有时候会像之前说的那样，分为两种折线）。如果按照规则Ⅲ的说法还是不能实现 B 的分配方式，那么就说明不管你用什么方法转移，都不会让葡萄酒从条件 A 的状态变为条件 B 的状态。也就是说，当规则Ⅲ也不符合问题要求的时候，就意味着这个问题是没有答案的。

数学小漫画

这样年纪比较大。

问：

今天是玛丽的生日。

有人问她："你今年几岁了?"

玛丽并没有直接回答，而是出了一道题，她说：

"坐下比站着小 3 岁，倒立比站着大 3 岁。"

请问玛丽今年几岁了？

答：

是 6 岁。

因为坐下后就是原来的一半，6 的一半是 3，所以年轻 3 岁；6 倒过来看是 9，所以大 3 岁。

六、童话故事

2. 由题意可知，农夫第三次过桥之后身上的钱正好是 24 戈比。从这个结果往前推导，就可以得出正确答案了。

因为农夫第三次过桥之后身上的钱是 24 戈比，所以他第三次过桥之前身上的钱是应该是 12 戈比。这 12 戈比是他付给恶魔 24 戈比后剩下的，所以农夫第二次过桥后有 36 戈比。于是可知，在第二次过桥前农夫身上的钱有 18 戈比。这 18 戈比同样是农夫第一次过桥后付给恶魔 24 戈比后剩下的，于是可知，农夫身上的钱在第一次过桥后有 42 戈比。所以，农夫原来的钱数是 21 戈比。

3. 第三个人吃完后还剩下 8 个马铃薯，也就是说他给前两个人每人留了 4 个，所以第三个人也吃了 4 个，也就是说第三个人吃的时候一共有 12 个。这说明第二个人吃了 6 个，把剩下的分给第一个人和第三个人每人 6 个，也就是说第二个人吃的时候一共有 18 个。这说明第一个人吃了 9 个，把剩下的分给第二个人和第三个人每人 9 个。由此可知，原来马铃薯的个数是 27 个，即平均每人可以吃 3 个。

因为第一个人已经吃了 9 个，第二个人和第三个人分别吃了 6 个和 4 个，所以要把剩下的 8 个马铃薯给第二个人 3 个、第三个人 5 个。

4. 首先要解决一个问题，那就是伊凡的羊比彼得的多几只呢？

如果伊凡拿出 1 只羊给第三个人，这时伊凡的羊会和彼得一样多吗？题目的意思是说，只有送给彼得 1 只羊的时候，他们 2 个人的羊数才会相等。所以，就算伊凡拿出 1 只羊给第三个人，他的羊还是会比彼得多，问题是多几只呢？从题目可知，伊凡送给彼得 1 只羊后，他们的羊才会一样多。所以很明显，当伊凡拿出 1 只羊给第三个人的时候，两人羊数的差距是 1；当伊凡没有把羊给别人的时候，两人羊数的差距是 2。

接下来我们站在彼得的角度看问题。伊凡的羊数比他多 2 只，如果彼得拿出 1 只羊给第三个人，那么伊凡的羊数比他多 3 只。如果彼得把拿出的 1 只羊给了伊凡，那么伊凡的羊数就比他多 4 只。

由题意可知，这时彼得的羊数恰好是伊凡的羊数的一半。所以，如果彼得把拿出的 1 只羊给了伊凡，他自己的羊数就是 4 只。同时，伊凡的羊数就是 8 只，所以可以算出伊凡原来有 7 只羊，彼得原来有 5 只羊。

5. 当她们把带来的苹果放在一起卖的时候，售价已经发生了改变。

当第一位农妇和第二位农妇各自卖苹果的时候，第一位农妇的售价是每个苹果 $\frac{1}{2}$ 戈比，第二位农妇的售价是每个苹果 $\frac{2}{3}$ 戈比。当她们把带来的苹果放在一起每 5 个卖 3 戈比的时候，每个苹果的售价是 $\frac{3}{5}$ 戈比。

也就是说，第一位农妇实际上没有按照每个苹果 $\frac{1}{2}$ 戈比的价格出售，而是按照每个苹果 $\frac{3}{5}$ 戈比的价格出售。这样她每个苹果多卖了 $\frac{1}{10}$ 戈比，30 个苹果就多卖了 3 戈比。

再来看看第二位农妇，当她把自己的苹果和第一位农妇的放在一起出售时，她的每个苹果少卖了 $\frac{2}{3} - \frac{3}{5} = \frac{1}{15}$（戈比），30 个苹果就少卖了 2 戈比。所以，她们最后还是多赚了 1 戈比。

6. 我们先把四个人分得的钱数之比加在一起，即 $\frac{1}{3} + \frac{1}{4} + \frac{1}{5} + \frac{1}{6} = \frac{57}{60}$，因为他们所捡到的钱数是 $\frac{60}{60}$，所以他们分得的钱数少于捡到的钱数。现在我们把四个人捡到的钱和路人的钱加在一起除以 60，$\frac{57}{60}$ 分给四个人后，剩下的 $\frac{3}{60}$ 即 $\frac{1}{20}$ 留给路人。现在已知路人拿走了 3 卢布，也就是说 3 卢布是所有钱数的 $\frac{1}{20}$，进一步可以知道钱的总数是 $3 \times 20 = 60$（卢布）。卡普得到的钱数是 $\frac{1}{4}$，即 15 卢布，但如果路人没有拿出自己的钱，卡普得到的钱数应该比原先少 25 戈比，即得到：15 卢布 $-$ 25 戈比 $=$ 14 卢布 75 戈比。

这就是四个人捡到的总钱数的 $\frac{1}{4}$，这个钱包里一共有：14 卢布 75 戈比 $\times$ 4 $=59$（卢布）。

把这 59 卢布再加上路人拿出的钱，一共是 60 卢布。所以，路人拿出的钱数的确是 1 卢布。很明显，他最后赚了 2 卢布。

那么钱包里的钱都是什么面值的呢？

根据分析我们知道，钱包里的钱有 10 卢布的 5 张，5 卢布、3 卢布和 1 卢布分别是 1 张。路人分给席多 2 张 10 卢布；分给卡普 10 卢布和 5 卢布各 1 张；分给帕风 1 张 10 卢布和 2 张 1 卢布（其中 1 张 1 卢布是路人拿出来的）；分给波卡的是 1 张 10 卢布。分好钱后，路人就带着 3 卢布和钱包离开了。

7. 这位长老的办法太聪明了。他先拿出自己的一头骆驼和老人留下的骆驼放在一起，这样这群骆驼就有 18 头了。然后再按照老人的遗言分配：

给老大　$18 \times \frac{1}{2} = 9$（头）；

给老二　$18 \times \frac{1}{3} = 6$（头）；

给老三　$18 \times \frac{1}{9} = 2$（头），

最后剩下的那头还给长老。

数学小漫画

？问：

有人问一对双胞胎："你们几岁了？"

她们没有直接回答，而是说："把我们的年龄割开，有时候是 0 岁，有时候是 3 岁，也有时候会是 4 岁。"她们到底几岁了？

答：

8 岁。

把 8 横切就会变成两个 0，纵切就会变成两个 3，平均分成两半后各是 4。

8. 如图 130（a）所示，如果桶里的水正好是这个桶容量的一半，当我们把这个桶倾斜到桶里的水正好到达桶口边缘的时候，水面一定和桶底最高点一样高。因为水桶两个圆周上相对的点之间的连线正好把木桶平分。如图 130（b）所示，如果水不到半桶，就会有一部分桶底露出来；如图 130（c）所示，如果水超过半桶，那么桶里水的水面就会比桶底高。

（a）　　　　　　（b）　　　　　　（c）

图 130

这个工人就是这样完成任务的。

9. 中队长的分配方法如图 131 所示，将军的分配方法如图 132 所示。

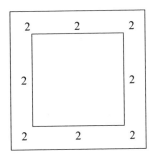

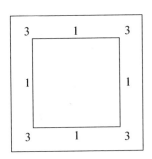

图 131　　　　　　　　图 132

10. 如图 133 所示，为了骗过主人，仆人先从酒柜每条边的中间各拿走一瓶酒后，又从每条边的中间各移动 1 瓶酒到四个角落。这样一来，每列酒的数量不变。就这样他可以偷 4 次，每次偷 4 瓶，即在主人不发现的情况下偷 16 瓶。

11. 题目的要求是每面墙要有 9 个人，在囚犯只有 21 个人的情况下，有很多种安排方法符合要求，图 134 就是其中的一种。

当 3 位国王来到地窖后，按照图 135 排列就可以满足题目要求了。

第一次		
7	7	7
7		7
7	7	7

第二次		
8	5	8
5		5
8	5	8

第三次		
9	3	9
3		3
9	3	9

第四次		
10	1	10
1		1
10	1	10

图 133

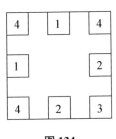

图 134　　　　　　　　图 135

12. 已知第 3 个孙子找到的蘑菇数加上爷爷给的蘑菇数（这两个数是相等的）后才和另外 3 个人的蘑菇数一样多，所以爷爷给他的蘑菇最少。如果爷爷给他 1 个蘑菇，那么给第 4 个孙子的蘑菇数是多少呢？

如果爷爷给第 3 个孙子 1 个蘑菇，那么他后来也找到 1 个蘑菇，也就是说他一共带回家 2 个蘑菇；第 4 个孙子带回家的也是 2 个蘑菇，但是他这 2 个蘑菇是不小心掉了一半后剩下的，由此可知爷爷给了他 4 个蘑菇。

第一个孙子带回家的蘑菇数也是 2 个，但其中 2 个是他自己在第二次找到的，所以爷爷给他的蘑菇数是（2 个 – 2 个）；第二个孙子弄丢了 2 个蘑菇后，带回家的蘑菇总数是 2 个，所以爷爷给他的蘑菇数是（2 个 + 2 个）。

综上所述，爷爷给四个孙子的蘑菇数分别是（2 个 – 2 个）、（2 个 + 2 个）、1 个、4 个，一共是 9 个。意为用这个 "9" 代替 45 个蘑菇，每份是 5 个。于是可知：

给第三个孙子 1 个，也就是 5 个蘑菇；

给第四个孙子 4 个，也就是 20 个蘑菇；

给第一个孙子的蘑菇比 2 个还要少 2 个，也就是 $5 \times 2 - 2 = 8$ 个蘑菇；

给第二个孙子的蘑菇比 2 个还要多 2 个，也就是 $5 \times 2 + 2 = 12$ 个蘑菇。

13. 首先这个数要可以同时被 2，3，4，5，6 整除，这样的数最小是 60，然后我们继续找可以被 7 整除，同时要比 60 的倍数还大 1 的数，按照从小到大的顺序去尝试，就会得出结果。例如 60 除以 7 的余数是 4，不符合题目的要求。按照这种方法计算下去，我们会得到符合题意的最小数——301，即她篮子里鸡蛋的数量最少是 301 个。

14. 在这个问题里，算出彼得回家用了多少时间是关键。当彼得把自己家里的钟上好发条后，他立刻去伊凡家看时间。假设彼得出门时家里的钟显示的时间是 a，到达伊凡家时正确的时间是 b，离开伊凡家时正确的时间是 c，到家后家里的时间是 d。那么 $d - a$ 就是彼得离开家的时间，$c - b$ 就是彼得在伊凡家停留的时间，用 $(d - a) - (c - b)$，得到的结果就是彼得花在路上的时间，假设彼得来回用的时间是一样的，那么彼得回家所用的时间就是 $\dfrac{b + d - a - c}{2}$。

再加上回家前看到的 c，就能算出这时准确的时间是 $\dfrac{b + c + d - a}{2}$。

15. 由题意可知，收入的数字小于 9997 卢布 28 戈比，所以出售的布料总匹数小于 9997.28÷49.36，即小于 203 匹。

匹数最后那个数字乘以 6 尾数是 8 时，最后这个数可能是 3 或 8。

如果匹数最后的那个数字是 3，那么 3 匹布料可以卖 14808 戈比，用总收入减去 3 匹布料的收入，最后三个数就应该是 920。

假设匹数的尾数是 3，可知倒数第二个数有 2 或 7 两种可能，因为只有 2 和 7 这两个数乘以 6 后得到的结果尾数是 2。

然后把匹数后两位数字设为 23，再把卖掉 23 匹布料的收入从总收入里减去，最后 3 个数就应该是 200。于是可知，匹数的倒数第三个数字是 2 和 7 中的 1 个，但是我们已经得到匹数小于 203 这个结论，所以这个假设是不成立的。

现在把匹数后两位数字设为 73，就会出现匹数的倒数第三个数字是 4 和 9 中的 1 个，因此这个假设也是不成立的。

现在匹数最后 1 个数字只可能是 8 了，按照同样的方法计算，倒数第二个数字是 4 和 9 中的 1 个，进一步计算会发现 9 符合问题的要求。

所以最终答案是卖出布料 98 匹，一共收入 4837 卢布 28 戈比，被墨水覆盖的数字是 98 和 483。

16. 由老板的方向看，从左边第 6 个士兵开始数就可以。如果是第二种情况，也是一样的方向从右边第 5 个士兵开始数。

17. 现在我们帮车夫算一下。用 1，2，3，4，5 表示 5 匹马，这 5 个数字排列组合的情况应该是多少种呢?

首先，2 个数字有 2 种排列方式，即（1，2）和（2，1）两种；3 个数字排列时，1 在前面时有两种，2 和 3 在前面时同样各有两种，所以 3 个数字有 6 种排列方式。这六种排列方式如下：

123，213，312

132，231，321

同样的道理，4 个数字排列时，1 在前面时有 6 种，2，3，4 在前面时同样各有 6 种，所以 4 个数字有 24 种排列方式。

依此类推，5 个数字有 120 种排列方式。

我们可以得出结论，从 1 到 n 个数字排列的方式有 $1 \times 2 \times 3 \times \cdots\cdots \times n$ 种方式。

再来看看这个问题，通过前面的叙述我们可以知道，马夫要换 120 次马，就算每次只需要 1 分钟，完成工作最快也要 120 分钟，所以马夫会输。

18. 假设丈夫和妻子买的商品数分别是 X 和 Y，那么他们花的钱数分别是 x^2 和 y^2 戈比，根据题意可列出这个方程：

$$x^2 - y^2 = 48 \Rightarrow (x - y)(x + y) = 48$$

根据这个方程我们可以知道，$(x - y)$ 和 $(x + y)$ 都是偶数 [因为 $x + y = (x - y) + 2y$]，根据题意，$2y$ 肯定为偶数，任何数加上 1 个偶数，这个数的奇偶性不变，故 $(x + y)$ 与 $(x - y)$ 同为奇数或同为偶数，又因二者的积为 48，故 $(x + y)$ 和 $(x - y)$ 都是偶数。同时 x 和 y 都是大于 0 的数，所以 $x + y > x - y$。

再来看这个方程，符合条件的乘数只能有以下三种情况，即

$$48 = 2 \times 24$$
$$= 4 \times 12$$
$$= 6 \times 8$$

把这三种情况代入方程可以得到：

$$\begin{cases} x - y = 2 \\ x + y = 24 \end{cases} \text{或} \quad \begin{cases} x - y = 4 \\ x + y = 12 \end{cases} \text{或} \quad \begin{cases} x - y = 6 \\ x + y = 8 \end{cases}$$

解方程组得三组答案，即

$$\begin{cases} x = 13 \\ y = 11 \end{cases} \text{或} \quad \begin{cases} x = 8 \\ y = 4 \end{cases} \text{或} \quad \begin{cases} x = 7 \\ y = 1 \end{cases}$$

已知伊凡买的商品数量比卡狄莉娜多 9 件，只有一种情况符合 $x - y = 9$，即伊凡买了 13 件，卡狄莉娜买了 4 件商品；另外，彼得买的商品数量比玛丽亚多 7 件，也只有一种情况与之符合，即彼得买了 8 件，玛丽亚买了 1 件商品，所以这 3 对夫妻的组合以及他们买的商品数是：

$$\begin{cases} \text{伊凡（13 件）} \\ \text{安娜（11 件）} \end{cases} \begin{cases} \text{彼得（8 件）} \\ \text{卡狄莉娜（4 件）} \end{cases} \begin{cases} \text{亚力克（7 件）} \\ \text{玛丽亚（1 件）} \end{cases}$$

七、折纸的问题

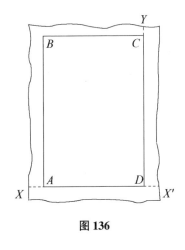

图 136

1. 在这张纸的边沿附近折 1 条直线 XX'，沿 XX' 去掉不规则的部分，然后在 XX' 上找到一点 D，把纸对折使 XX' 完全重合，再做一条沿直线 DY 的折线。打开后我们就会发现 XX' 和折线 DY 是垂直的。如果 XX' 重叠，那么角 YDX' 一定等于角 YDX。按照前面的方法，沿着新的折线去掉不需要的部分。

继续用这个方法，就可以得到 BC 和 BA。若是反复重叠，就能让 A，B，C，D 这四个角相等，并且都是 90°。同时边 BC 等于 AD，CD 等于 BA。这样我们就得到图 136 所示的一张长方形的纸 $ABCD$，重合之后符合长方形的性质：

① 4 个角都是 90°。

② 四条边不一定相等。

2. 如图 137 所示，沿着长方形纸片 $A'BCD'$ 的短边 BC 斜向折叠，使 BC 和长边 $A'B$ 重叠。

这样，角 C 的顶点就和点 A 重合。连接折线 AD，再沿直线 AD 折出图形 $A'D'DA$，沿 AD 把 $A'D'DA$ 去掉，剩余部分就是一个正方形了。

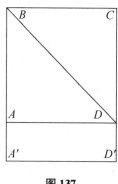

图 137   图 138

3. 把一个正方形沿着一条直线对折（即图 138 中间的那条直线），使两部分完全重合。我们可以发现，这条折线是它经过的正方形两条边的垂直平分线。在这条折线上任意选择一点，把这个点和折线两侧的正方形顶点连接起来。通过这种方法，我们就可以得到一个等腰三角形，这条折线把等腰三角形分割成两个全等的直角三角形。

4. 如图 139 所示，用上题的方法把正方形的中央线折出来，在这条线上确定一点 B，使 BA 和 BC 等于 AC，然后沿 AB、BC 折叠，三角形 ABC 就是一个正三角形了。

怎样找到点 B 是解决问题的关键所在，这也是很简单的。想要在正方形的中央线上得到所求的点，是非常容易的。如图所示，把 A 点固定，沿直线 AA′折叠，让点 C 与中央线上任意一点重合，重合的这个点 B 就是我们要找的点。

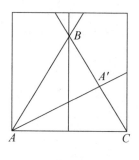

图 139

5. 如图 140 所示，把正方形沿着两条中央线对折两次，就可以得到直线 AOB 和直线 COD。再用前面的方法，以折线 AO 和 OB 为边，就能得到四个正三角形，即 AOE，AOH，BOF 和 BOG。

然后我们做折线 EF 和 HG。

得到的图形 AECFBGDH 就是一个正六角形，AB 是连接这个正六角形上任意两点最长的线段之一。

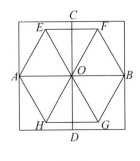

图 140

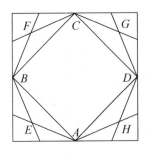

图 141

6. 如图 141 所示，在一个大正方形里做这个大正方形的内接正方形，然后做出内接正方形四条边和大正方形四条边夹角的平分线，这八条线两两相交于 E，F，G，H 四点。

得到的图形 $AEBFCGDH$ 就是一个正八角形。图中的 4 个三角形：ABE，BFC，CGD 与 DHA 是全等的等腰三角形。所以，图形 $AEBFCGDH$ 八条边是相等的。

同时，这 4 个全等的等腰三角形 4 个顶角 E，H，G，F 的度数都是直角的 1.5 倍，每个底角的度数都是直角的 $\frac{1}{4}$，另外八角形 4 个顶点 A，B，C，D 处的角的度数也都是直角的 1.5 倍。所以，图形 $AEBFCGDH$ 的八个角也是相等的。

此外，这个正八角形上连接任意两点最长的线段和大正方形的边长相等。

9. 切割和组合的方法分别参考图 142 和图 143。

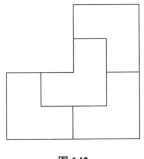

图 142

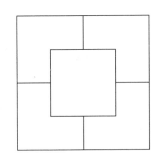

图 143

数学小漫画

 问：

有 9 个 5 角硬币和 4 个盒子，现在想把这 9 个硬币放进这 4 个盒子里，要求每个盒子里硬币的数量是奇数，该怎么放才符合要求？

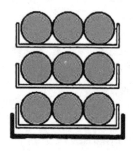

答：

先拿出 3 个盒子，每个盒子里放 3 个硬币，最后再把这 3 个盒子全部放进剩下的那个盒子里就可以了。

具体方法分别参考图 144 和图 145。

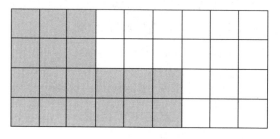

图 144

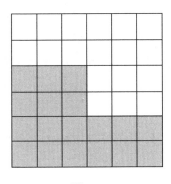

图 145

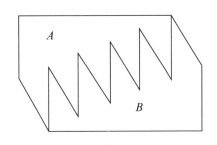

图 146

11. 如图 146 所示，把这块地毯分成 A，B 两部分，然后把 B 部分向左移一格，再插进 A 部分里就可以了。

12. 具体方法参考图 147。

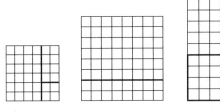

图 147

13. 具体方法参考图 148。

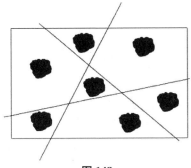

图 148

14. ①把正方形四条边的中点和这个中点对应那条边的 2 个端点之一连接起来，使这 4 条直线两两平行并和其他 2 条互相垂直；②以正方形 4 条边的中点为起点，继续画和刚才 4 条线平行的直线，当和前面那 4 条线相交时再停止，我们会得到 4 个小长方形；③画出这 4 个小长方形的对角线，再把大正方形内部的小正方形按照图 149 那样分割。在这幅图里，所有三角形都是全等的直角三角形，数量是 20 个。在这些直角三角形里，较短的直角边长度是较长的直角边长度的一半。

如图 150 所示，用这 20 个全等的直角三角形还可以拼成 5 个全等的正方形。

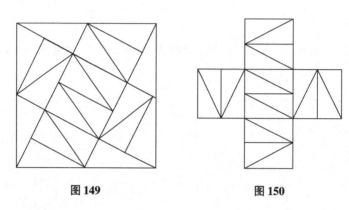

图 149   图 150

数学小漫画

问：

这是一个著名的"捡棋子"谜题。如图所示，棋盘上有 20 个棋子，请把这些棋子按照某种顺序一个一个拿走，在拿棋子的过程中不允许跳过棋盘上的棋子。

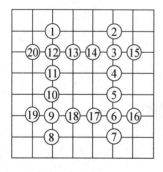

答：

答：顺序如图。

15. 这个问题有 2 个解决方案，可参考图 151 和图 152。第二种方法只要画两条线即可，比较简单明了。

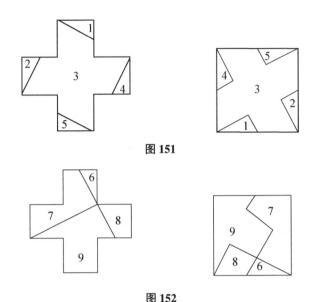

图 151

图 152

16. 如图 153 所示，这个正方形 *ABCD* 就是我们要分割的正方形。在边 *DC* 找到一点 *E*，使 *DE* 的长度等于这个正方形对角线长度的一半，连接 *A* 和 *E*，画 2 条垂直于 *AE* 的线 *DF* 和 *BG*。然后在 *BG* 和 *AE* 上作出 3 条线段 *GH*，*GK* 和 *FL*，并使这 3 条线段和 *DF* 相等。再以 *K*，*L* 和 *H* 为起点，作与 *DF* 垂直或平行的线。最后沿着图中的线就可以把正方形分为 7 个部分，再把这 7 个部分按照图 154 拼合，3 个全等的正方形就作出来了。

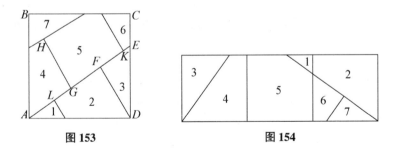

图 153   图 154

17. 具体分法如图 155 所示，线段 *DF*，*GB* 和点 *L* 按照前面的方法确定。然后画和正方形两条边 *AD*，*AB* 分别平行的线段 *GH*，*GI*，并找到一点 *K*，使 *HK* 等于 *GH* 的 $\frac{1}{2}$ [图 155（a）]，最后沿着图中的线就可以把正方形分为 8 个部分，再把这 8 个部分拼合起来，就能得到 2 个正方形了。图 155（b）就是其中的一个，另外一个是图 156 中第二个图形。

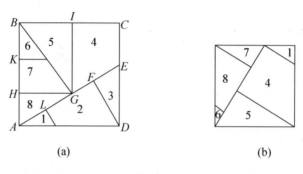

图 155

18. 具体分法如图 155 所示，但是要按照图 156 的方式组合，3 个正方形就做出来了。

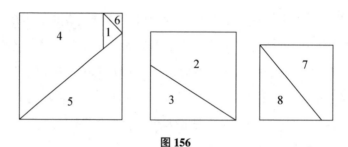

图 156

19. 把正六角形沿着对角线分为相同的 2 个部分，再把这 2 个部分做如图 157 所示的平行四边形 *ABFE*。以点 *A* 为圆心，*AE* 和平行四边形高的几何平均值为半径画圆，这个圆和 *BF* 的交点是 *G*。然后以 *E* 为起点，作 *AG* 延长线的垂线，与 *BF* 交于点 *H*，再从 *EH* 隔着和 *AG* 相同距离的长度作平行线 *IK*。这个平行四边形就被分成了 5 个部分，请你试着把这 5 个部分组合成一个正方形。

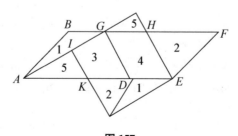

图 157

数学小漫画

52mm

问：

火柴棒的标准长度是 52 毫米（mm），怎样才能用 5 根火柴棒表示 1 米（m）呢？

答：

如图。

八、图形的魔术

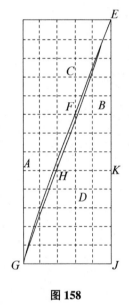

图 158

3. 很明显，用正方形裁剪出来的 2 个直角三角形一定是全等的。同样的道理，梯形 C 和 D 也一定全等，而且梯形较短的底边等于 3 厘米，直角三角形较短的直角边相等。所以三角形 A 和梯形 C 的组合一定与三角形 B 和梯形 D 的组合全等，这是什么原因呢？通过图 158 可知：$\tan \angle EHK = \dfrac{8}{3}$，$\tan \angle HGJ = \dfrac{5}{2}$，$\dfrac{8}{3} - \dfrac{5}{2} = \dfrac{1}{6} > 0$，这说明 $\angle EHK > \angle HGJ$。

事实上 GHE 和 EFG 都不是直线，而是折线。拼接后的长方形面积虽然是 65 平方厘米，但在这个长方形的中间有一个面积为 1 平方厘米的平行四边形缺口（即平行四边形 $EFGH$），这个平行四边形最宽的地方（高）是 $5 - 3 - 5 \times \dfrac{3}{8} = \dfrac{1}{8}$（厘米）。所以在修理船只的时候这个缺口被隐藏起来，让人误以为神奇的事情出现了。

如图 159 所示，用这四部分可以做成一个多边形 $KLGMNOFP$，这个图形看上去可以分为 1 个 3×1 平方厘米的小长方形和 2 个 5×6 平方厘米的稍大一些的长方形，这 3 个图形的面积加在一起是 63 平方厘米。但是我们知道，这四部分加在一起面积应该是 64 平方厘米，这是怎么回事？其原因就是 E，F，G，H 这 4 个点不在一条直线上。

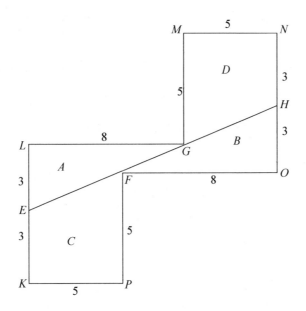

图159

4. 这个问题的关键是小直角三角形的两条直角边长度不相等。一条直角边的长度是1厘米，所以另外一条的长度就是$\frac{8}{7}$厘米。所以，长方形的长是$8+\frac{8}{7}=9\frac{1}{7}$（厘米），而不是9厘米，它的面积是$7\times9\frac{1}{7}=64$（平方厘米）。

5. 通过观察图52中长方形的对角线和方格线相交的情形，就明白四边形 $VRXS$ 不是正方形，现在我们用计算的方式证明这点。

由三角形 PQR 和三角形 TQX 相似可知，$PR:QR=TX:QX$，所以

$$PR\frac{TX\cdot QR}{QX}=1\times\frac{11\times1}{13}=\frac{11}{13}$$

所以四边形 $VRXS$ 是一个两边长分别为12厘米和$11\frac{11}{13}$厘米的长方形，它的面积是$12\times11\frac{11}{13}=142\frac{2}{13}$（平方厘米）。同时三角形 STU 的面积等于三角形 PQR 的面积都是$\frac{1}{2}\times1\times\frac{11}{13}=\frac{11}{26}$（平方厘米）。因此可知，图53这个图形的面积是$142\frac{2}{13}+2\times\frac{11}{26}=143$（平方厘米）。

6. 很多人的第一反应会是，"1 米的长度和地球周长（40000 千米）比起来可以忽略不计了，所以就算加上 1 米，对结果也不会有什么影响。但是对于一个柑橘来说，1 米的长度比它的周长要大很多。所以，肯定是柑橘周围的缝隙大。"

事实真的是这样吗？现在把地球的圆周长度设为 C 米，柑橘的圆周长度设为 c 米，由此可知：地球的半径是 $R=\dfrac{C}{2\pi}$，柑橘的半径是 $r=\dfrac{c}{2\pi}$。接下来把它们的圆周长度各增加 1 米，这样地球和柑橘的圆周长度就分别变成（$C+1$）米和（$c+1$）米了，半径也分别变成 $\dfrac{C+1}{2\pi}$ 和 $\dfrac{c+1}{2\pi}$，减去原来的半径，可得

地球：$\dfrac{C+1}{2\pi}-\dfrac{C}{2\pi}=\dfrac{1}{2\pi}$

柑橘：$\dfrac{c+1}{2\pi}-\dfrac{c}{2\pi}=\dfrac{1}{2\pi}$

所以，无论是地球还是柑橘，产生的缝隙都是 $\dfrac{1}{2\pi}$ 米（约 16 厘米），这是怎么回事呢？道理很简单，因为不管是多大的圆，它的圆周和半径的比值是不变的。

数学小漫画

 问：

如图 160 所示，这是数学大师阿基米德的墓，这个墓非常神奇。当你把圆柱体和球体的体积计算出来后，就会发现一个神奇的比例，就可得到很美的比例。请用这两个公式算出来。

$$圆柱体积 = \pi r^2 h$$

$$球体积 = \frac{4}{3}\pi r^3$$

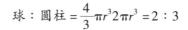 答：

由于球内接于圆柱，所以球的半径 r 等于圆柱高 h 的一半，二者体积比如下：

$$球 : 圆柱 = \frac{4}{3}\pi r^3 : 2\pi r^3 = 2 : 3$$

图 160

九、猜数字游戏

1. 这个游戏是包含着数学知识的。

从 5 到 9 有 5，6，7，8，9 这 5 个数，从 9 到 5 也有 9，8，7，6，5 这 5 个数，不同之处是顺序相反。如果指着 9 说出"5"，指着 8 说出"6"，那么要数到设定的数 5，说出来的数字是"9"。按照这个方向数完 12 个数后又回到 5，所以从指的数字 9，按照逆时针方向加 12，数到 21 的时候就能知道答案了。

当设定的数是 9，指着的数字是 5 的时候，从 9 到 5 按照顺时针方向数，9，10，11，12，12 + 1，12 + 2……一直数到 17，因此从 5 出发后，按照逆时针方向加 12，数到 17 的时候就能知道答案了。

2. 假设对方每只手里各有 n 根火柴棒（$n \geqslant b$），他把右手里的火柴棒转移 a 根到左手（$a < b$）后，这时他左手和右手里火柴棒的数量分别是 $n + a$（$n > a$）和 $n - a$，接下来让他把左手里火柴棒数量减去和右手剩余火柴棒相同的数目 $n - a$，这时左手火柴棒的数量就是 $(n + a) - (n - a) = 2a$。游戏结束时，对方右手是空的，左手火柴棒的数量是 $2a$。

3. 可以 $10a + b$ 来表示任何两位整数，但 a 和 b 都要大于 0 小于等于 9。题目要求的差就是 $10a + b - (10b + a) = 9 (a - b)$，可知这个数能被 9 整除。假如设差数是 $10k + 1$（$k \leqslant 9$），那么 $10k + 1 = 9k + (k + 1)$。由此可知，$k + 1 = 9$，也就是说，用 9 减去对方说出的那个数字，得到的结果就是差的十位数。

假设这个数是 37，于是 73 – 37 = 36。当对方告诉你差的个位数是 6 时，用 9 – 6 = 3，可知十位数的数字是 3，十位数是 3 并且能被 9 整除的数只有 36；假设这个数是 54，于是 54 – 45 = 9，当对方告诉你差的个位数是 9 时，用 9 –

$9=0$，可知十位数的数字是0，十位数是0并且能被9整除的数只有9本身。

4. 商是你说的数字两端相减再乘以11。假设这个数是845，那么

$$845 - 548 = 297$$

$$297 \div 9 = 33 = (8 - 5) \times 11$$

在证明这个规则的时候，要知道任意一个三位整数都可以用 $100a + 10b + c$ 表示。a，b，c 分别是百位、十位和个位上的数字，并且它们都大于0小于或等于9。然后得到的新数就可以写成 $100c + 10b + a$，用开始的数减去变化后的数，再除以9：

$$\frac{100a + 10b + c - (100c + 10b + a)}{9} = \frac{99(a-c)}{9} = 11(a-c)$$

5. 通过前面的问题我们可知，一个三位整数和它两端数字调换后得到的新数之间的差，可以被99整除。再回来看这个问题，因为两端数字的差大于2，所以这2个数相减后，结果一定是3位整数，假设

$$100k + 10l + m \quad (0 < k \leqslant 9,\ 0 \leqslant l \leqslant 9,\ 0 \leqslant m \leqslant 9)$$

通过变化又可以得到：

$$100k + 10l + m = 99k + (10l + m + k)$$

因为这个数能被99整除，所以 $10l + m + k = 99$，把两端的数字换个位置后，得到 $100m + 10l + k$，最后的和就是：

$$100k + 10l + m + 100m + 10l + k$$

$$= 100(k+m) + 20l + (m+k)$$

$$= 100 \times 9 + 20 \times 9 + 9$$

$$= 1089$$

6. 假设这个数是 n，通过下列计算：

$$n \times 2 + 5 = 2n + 5$$

$$(2n + 5) \times 5 = 10n + 25$$

$$(10n + 25) + 10 = 10n + 35$$

$$(10n + 35) \times 10 = 100n + 350$$

$$(100n + 350) - 350 = 100n$$

$$100n \div 100 = n$$

最后一定会知道这个数 n 是多少。

这类问题还可以应用到其他地方，比如要求把原来的数经过计算后扩大 100 倍。在计算的过程中分别乘以 2，5 和 10 就可以了。但要减去的数字变成其他数而不是 350 的时候，就要注意题目里用 350 这个数字的原因了。因为这个数是经过加 5 之后乘以 5，再加上 10 之后乘以 10，变成 350 而得来的。所以，如果最后减去的数字不是 350 而是其他数字，那么加数 5 和 10 也要作出相应变化。假设用 4 代替 5，用 12 代替 10，那么在最后的结果上所要减去的数设 $4 \times 5 = 20$，$20 + 12 = 32$，$32 \times 10 = 320$，得数就是原来数字的 100 倍，通过这种方法可以把问题加以变化。

同理，把原来的数乘以 2，5 和 10，因为 $2 \times 5 \times 10 = 100$，所以不难看出乘的数是 100。很容易知道实际上所乘的数为 100。

因此原来的数经过计算后就扩大了 100 倍，不管乘数是多少，只要把积和 100 相乘就可以了。并且 2，5，10 这 3 个数的顺序也可以随意变换。

用 5，4，5 和 2，2，25 等数字代替 2，5，10 也可以。如果乘数或减数发生变化，那么最后结果减去的数也要随着发生变化。

假如乘数是 5，4，5，加数是 6 和 9，首先设定 8。那么，用 8 乘以 5，加上 6 再乘以 4，加上 9 再乘以 5，最后的结果就是 965，而 $965 = 800 + 165$，得到设定那个数扩大 100 倍的结果，就要减掉 165（$6 \times 4 = 24$，$24 + 9 = 33$，$33 \times 5 = 165$）了。

如果想检验答案是否正确，将之前剩下的数设为所设的那个数的 100 倍，变化 100 之外适当的数字，例如 2，3，4，积是 24（$= 2 \times 3 \times 4$），加数选择 7 和 8。

如果设定的这个数是 5，那么经过上面同样的计算就会得到 236 这个结果。而 $236 = 120 + 116$，所以对方告诉你答案是 236 的时候，你就用 236 减去 116，得到的结果是 120，120 除以 24 等于 5，这样就可以知道正确答案是 5。

也可以只用两个乘数（2 和 5 就可以了），一个加数。接下来就和前面的方法一样，把最后的结果除以 10，就能知道对方设定的数是几了。此外，乘数也可以用 4 个、5 个或 6 个，加数也要相应增加到 3 个、4 个或 5 个，具体的计算方法和前面说的一样。

最后也可以把加数换成减数，或者不加也不减。例如我们设定这个数是12，把12乘以2，减5，乘以5，减10，乘以10后变为（1200 – 350），这就是对方说的数字。所以，你要在结果上加350，而不是减350，然后用1200除以100，得到对方设定的数，即12。

总之，可以把问题的形式进行任意变化。

数学小漫画

 问：

萨摩斯王问毕达哥拉斯："你一共有多少个学生？"

毕达哥拉斯没有直接回答，而是说："在我的学生里，$\frac{1}{2}$ 学数学，$\frac{1}{4}$ 研究自然，$\frac{1}{7}$ 在修身养性，最后还有 3 个做室女。"毕达哥拉斯一共有多少个学生？假设一共有 X 个学生，可列出如下等式：

$$X = \frac{X}{2} + \frac{X}{4} + \frac{X}{7} + 3$$

$$X = 28$$

 答：

28 人。这是有关分数的计算问题。

7. 解决这个问题很容易，只需要注意每列底部是什么数字。如果这个数字在右起第二列、第三列和第五列（写在扇子上就是第二排、第三排和第五排）出现，那么只要把相应列最后的数字加起来。因为 2 + 4 + 16 = 22，所以这个数是 22。

如果这个数是 18，在这个表格里，18 位在第二列和第五列出现，2 列最后的数字是 2 和 16，把它们相加就可以知道答案是 18 了。

问题是，这个表格的原理是什么呢？

观察数列 1，2，4，8，16，……我们可以看出，这个数列是从 1 开始的，前一个数是后一个数的 $\frac{1}{2}$，所有正整数都能分解为这个数列里的若干个数，例如 $27 = 1 + 2 + 8 + 16$。在表格第一列填进 2^0，2^1，2^2，2^3，2^4，即 1，2，4，8，16，把这些数选出若干个加起来后，就能组合出 1 到 31（$2^5 - 1$）里任意一个整数。现在把这些数在表格中固定下来（表格最下行）。把 2 的累乘数列根据前面所说的特点，将 1~31 填进纵列，再把一个整数变化为 2 的幂级数和，把这个数写在出现各幂次的列中。如果这个数是 27，就记在最后一个数是 1，2，8，16 的列中。这样的话，如果想知道设定的数是什么，那么就要知道每列最后一个数加在一起的结果是多少。比如 2 的幂级数性质，就可以用来表示数字。对于各数将 0 或 1 的行列记录下来，在从右侧数的首位，看这个数是不是包括从右数首列，记下 0 或 1；在从右侧数的第二位，看这个数是不是包括从右数第二列，然后写下 0 或 1……就这样继续记下去。例如 27 这个数可以记成 11011，而 12 这个数可以记成 01100，左侧的数字 0 可以省略不写，12 也可以用 1100 来表示。

我们把这种计数方式称为二进制计数法。用二进制计数法记录数字，就可以省去看表的环节，只要用 2 累乘的形式表示整数，把从 0 开始从右向左数出现的号码那里记下 1，其他位置记下 0 就可以了。如下：

数二进位表记

$2 = 2^1$ 10

$3 = 2^1 + 2^0$ 11

$5 = 2^2 + 2^0$ 101

$18 = 2^4 + 1^1 + 2^0$ 10011

$134 = 2^7 + 2^2 + 2^1$ 10000110

二进制是一种比较特殊的计数方式，一般在计算机里才会用到，即用 0 和 1 表示任何数字。与我们平时的计数方式有很大区别，我们平时主要用 0，1，2，3，……8，9 十个数字计数，这种计数方式叫十进制计数法。

8. 先把这个偶数设为 $2n$，按照下列步骤计算：

$$2n \times 3 = 6n \qquad\qquad 6n \div 2 = 3n$$

$$3n \times 3 = 9n \qquad\qquad 9n \div 9 = n$$

把 n 扩大 2 倍，就知道我们求的答案了，接下来我们研究一下其中的规则。刚才我们说的是当这个数是偶数时的情形，当这个数是奇数的时候呢？假设这个奇数是 $2n+1$。计算的步骤是 $(2n+1) \times 3 = 6n+3$，得到的结果不能被 2 整除，因此要加 1，得到 $6n+3+1 = 6n+4$，再除以 2 得到 $3n+2$，然后

$$(3n+2) \times 3 = 9n+6 \quad (3n+2)$$

$9n+6$ 除以 9，结果是 n 余 6，把商 n 乘以 2 加 1，就知道原来的数是 $2n+1$。

9. $4n$，$4n+1$，$4n+2$，$4n+3$ 可以用来表示任何一个整数，字母 n 可以等于 0，1，2，3，4，……任意一个数。

①我们先用 $4n$ 按照题目的内容来计算，于是得到：

$$4n \times 3 = 12n \qquad 12n \div 2 = 6n \qquad 6n \times 3 = 18n$$

$$18n \div 2 = 9n \qquad 9n \div 9 = n \qquad 4 \times n = 4n$$

②再用 $4n+1$ 来计算，就会得到：

$9n+3$ 除以 9 结果是 n 余 3，按规则就能得到 $4n+1$。

③接下来用 $4n+2$ 来计算，就会得到：

$$(4n+2) \times 3 = 12n+6 \qquad\quad (12n+6) \div 2 = 6n+3$$

$$(6n+3) \times 3 = 18n+9$$

$9n+5$ 除以 9 结果是 n 余 5，用 n 乘以 4，再加上 2（因为只有在第二次加了 1），就可以知道这个数原来是 $4n+2$。

④最后用 $4n+3$ 来计算，就会得到：

$$(4n+3) \times 3 = 12n+9 \qquad\quad (12n+9+1) \div 2 = 6n+5$$

$$(6n+3) \times 3 = 18n+9$$

$9n+8$ 除以 9 结果是 n 余 8，按规则就能得到 $4n+3$。

不管设定的数是什么，都可以用这些方法算出来。

11. 通过题 10 和题 9 我们可以知道，如果这个数能用 $4n$ 来表示，计算的最后结果就是 9 的 n 倍，用 $9n$ 来表示。所以 $9n$ 和这个数字里各位数字加在一

起一定要能被 9 整除，也就是说，假设的数字加上其他数字一定是 9 的倍数。因此，我们已知的数字要是能被 9 整除，那么，要猜的这个数也得能被 9 整除。并且，从最初我们就清楚不可以用数字 0。

可以用 $4n+1$ 来表示的数，最后算出来的答案 $9n+3$，加 6 后就能被 9 整除了，与此同时，它各位数字加在一起也能被 9 整除。

可以用 $4n+2$ 来表示的数，最后算出来的答案 $9n+5$，加 4 后就能被 9 整除了，与此同时，它各位数字加在一起也能被 9 整除。

可以用 $4n+3$ 来表示的数，最后算出来的答案 $9n+9$，加 1 后就能被 9 整除了，与此同时，它各位数字加在一起也能被 9 整除。

所以，这道题说的这个规则是准确无误的。

12. 对任意一个数 n 进行一系列运算，得到的结果是 $n\dfrac{abc\cdots\cdots}{ghk\cdots\cdots}$，另外一个数 p 也按照同样的方法计算，得到的结果是 $p\dfrac{abc\cdots\cdots}{ghk\cdots\cdots}$。把这两个答案分别除以 n 和 p，就会得到一样的结果 $\dfrac{abc\cdots\cdots}{ghk\cdots\cdots}$，因此对于两个数字 $\dfrac{abc\cdots\cdots}{ghk\cdots\cdots}$ 和 $\dfrac{abc\cdots\cdots}{ghk\cdots\cdots}+n$，用后面的数减去前面的数，就得到了 n。

这类问题也可以变化为其他形式。比如乘数和除数任选、乘除的先后和次数改变等，如先除几次再乘或先乘几次再除。如果最终的答案大于设定的数字，那么用减而不用加也可以。

数学小漫画

? 问：

4 只狗分别蹲在房间的四个角落，它们的对面分别有 3 只狗。与此同时，所有狗的尾巴上也分别有 1 只狗。请问有几只狗在这个房间里？

！ 答：

4 只。

13. Ⅰ. 把对方想的数字设为 a，b，c，d，e，按照要求加在一起就是 $a+b$，$b+c$，$c+d$，$d+e$，$e+a$。对方把奇数位置的数字加在一起，告诉你结果是 $a+b+c+d+e+a$，偶数位置的数字加在一起，告诉你结果是 $b+c+d+e$。

前后相减得到的结果是 $2a$，这个数除以 2 就是对方想的第一个数字 a。用 $a+b$ 的结果减去 a，就会知道 b 是多少，依次可以算出 c，d，e 的值。

Ⅱ. 把对方想的数字设为 a，b，c，d，e，f，按照要求加在一起就是 $a+b$，$b+c$，$c+d$，$d+e$，$e+f$，$f+b$，把奇数位置的数字加在一起（不加第一个和），告诉你结果是 $c+d+e+f$，偶数位置的数字加在一起，告诉你结果是 $b+c+d+e+f+b$，前后相减得到的结果是 $2b$，这个数除以 2 就是对方想的数字 b，接下来就能得出其他数字了。

这个问题有不同的解答方式，下面只是其中的一种。

如果对方想的数字的个数是奇数，把这些数两两相加的和加在一起再除以2，得到的结果就是对方想的所有数字加在一起的和；如果对方想的数字的个数是偶数，把除第一个和以外所有数字两两相加的和加在一起再除以2，得到的结果就是对方想的所有数字加在一起的和再去掉第一个数字。知道对方想的数字之和后，就能很快知道其他数字是什么了。假如对方想的数字是2，3，4，5，6，两两相加结果分别是5，7，9，11，8，然后把两两相加的和再加起来，得到的结果是40，用40除以2，得到的结果就是对方想的数字加在一起的结果，即20。

对方想的第二个数字加上第三个数等于7，第四个数字加上第五个数字等于11，所以20 – (7 + 11) = 2，得到的结果就是第一个数。用这种方法可以知道其他数。

当对方想的数字个数是偶数时，用这种方法也能算出来。还有其他的方式。

当对方想的数字是3个时，就像前面说的，让对方把这些数两两相加的结果告诉你；是4个时，让对方把这些数每三个相加的结果告诉你；是5个时，让对方把这些数每四个相加的结果告诉你……也就是说，让对方把比想的数字个数少一个的数字加在一起告诉你。想要猜出最后的结果，还要按照下列方法：

把对方告诉你的和都加在一起，把得到的结果除以比对方想的数字个数还少1的数，最后的商就是对方想的所有数字加在一起的结果。这样一来，就能很容易算出每个数都是什么了。如果这些数是3，5，6，8，就应该把每三个数字加在一起的结果求出来，即

$$3 + 5 + 6 = 14$$
$$5 + 6 + 8 = 19$$
$$6 + 8 + 3 = 17$$
$$8 + 3 + 5 = 16$$

把这些和再加起来，得到的结果是66，用66再除以3（数字的个数是4

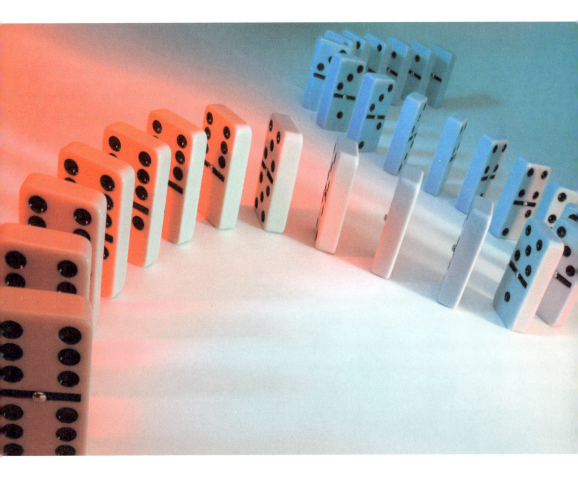

个，所以要少1），结果是22，22就是对方想的所有数字加在一起的结果。用22减去14，最后的数字就是8，或者用22减19，第一个数字就是3，第二位和第三位数字也可以这样算出来。

如果对方想的数字的个数是偶数，把这些数两两相加，并且把第二个数和最后一个数加在一起，这么做的原因是什么？请各位自己考虑。

14. 如果对方想的数字是 n，按照题目的方法计算后，得到的结果可以写成 $\dfrac{na+b}{c}$ 这种形式，这个数式也可以写成 $\dfrac{na}{c}+\dfrac{b}{c}$，把这个数去掉 $n\dfrac{a}{c}$，剩下的数字自然就是 $\dfrac{b}{c}$ 了。

15. 任意整数扩大2倍后一定是一个偶数，因此2个人乘积加在一起是奇数还是偶数需要由另一个乘积来决定。如果被乘的数是奇数，那就结果就不确定了；如果另一个乘数是奇数，积就是奇数；如果为偶数，积就是偶数，通过他们之积加在一起来确定被乘的数是奇数还是偶数。

16. 2个数 A 和 B 只有1这个唯一因数，另外2个数 a 和 c 也是这样的数，并且 A 能被 a 整除。按照题目的要求进行计算后，可以知道 $Ac+Ba$ 和 $Aa+Bc$ 的和。很容易看出第一个数能被 a 整除，第二个数不能被 a 整除。所以，B 到底是不是 a 的因数，还要通过对方进行乘法计算后，结果的和能不能被 a 整除来判断。

17. 假设对方想的数是 a，b，c，d，……把所有数字按照下列方法进行计算：

首先是2个数：

$(2a+5)\times5=10a+25$

$10a+25+10=10a+35$

$10a+35+b=10a+b+35$

然后是第三个数：$(10a+b+35)\times10+c=100a+10b+c+350$

接下来是第四个数：$(100a+10b+c+350)\times10+d=1000a+100b+10c+d+3500$

按照这种方法计算下去。

很明显地，根据想的数字有几个，把最终结果相应减去 35，350，3500，……得到的结果里，每一位数字从左到右分别表示想的数字。

数学小漫画

 问：

"0"的计算虽然看起来容易，但却很难，不信就试试这些问题：

A $0 \times 9 =$ B $8 \times 0 =$

C $0 \times 0 =$ D $0 \div 7 = ?$

E $5 \div 0 = ?$ F $0 \div 0 = ?$

0 乘以任何数结果都是 0 吗？0 是否可以被除尽？

 答：

$A = 0$，$B = 0$，$C = 0$，$D = 0$，E 不成立，F 不确定。

D 假设 $0 \div 7 = X$，$7 \times X = 0$，$X = 0$。

E 假设 $5 \div 0 = X$，$0 \times X = 5$，但 0 乘以任何数结果都是 0，因此这等式不成立。

F 假设 $0 \div 0 = X$，$0 \times X = 0$，因此 X 可以是任意一个数，所以"不确定"。

十、更有趣的游戏

1. $1 = \sqrt[5]{\dfrac{5}{5}}$

2. $2 = \dfrac{5+5}{5}$

3. $4 = 5 - \dfrac{5}{5}$

4. $5 = 5 + 5 - 5 = 5 \times \dfrac{5}{5}$

5. $0 = 5 \times (5-5) = \dfrac{5-5}{5} = \sqrt[5]{5-5} = (5-5)^5$

6. 这个问题相对来说难了一点，可以这样解决。

$31 = 3^3 + 3 + \dfrac{3}{3}$， $31 = 33 - 3 + \dfrac{3}{3}$， $31 = 33 - \dfrac{3+3}{3}$

7. $100 = 5 \times (-2+4) \times (1+2+7)$

8. 在这个游戏里，想要战胜对方就先要到达89，因为你先说出89这个数字后，对方不管说几，加上89之后和100的差距都是小于10的，这时你再说出和100的差数，就会取得这场游戏的胜利。那么要怎样才能保证一定说出89呢？

首先用100重复减去11，结果就是89，78，67，56，45，34，23，12，1，把这组数字按照从小到大的顺序排列，就得到1，12，23，34，45，56，67，78，89，从1开始，后面的数比前面的数大11。由于游戏规定只能说10以下的数字，把10加上1再分别乘以2，3，4，5，6，7，8，结果就是11，

22，33，44，55，66，77，88，把它们分别和1相加，由1开始数，就得到数列1，12，23，……89。

这时你就会看出，你说出数字1后，对方不管说出游戏规定的任何一个数，你都可以说出12，依此类推，你就可以继续说出23，34，45，56，67，78。到最后，89这个数字也是你说出来的。当你说出89后，对方不管说什么，他说的这个数字加上89的结果也不可能是100，并且这个结果和100的差距小于10。

通过以上的分析，当2个人都知道这个办法后，只有先说出1的人才会胜利。也就意味着，谁先说谁才会赢。

9. 如果明白了上一题的道理，就可以做很多类似的游戏了。

假如规定最后说出的数字是120，每次加上的最大数仍然是10，那么就要事先得到数列109，98，87，76，65，54，43，32，21，10。也就是说，一定要记住从10开始，再把11的倍数分别加10得到的数列。这个游戏也是先说的人会胜利。

假如规定最后说出的数字还是100，但是每次加上的最大数变成8，这时候一定要记住的数列就是91，82，73，64，55，46，37，28，19，10，1了，也就是说，记住从1开始，再把9的倍数分别加1得到的数列。只要弄清楚这个道理，这个游戏发生任何变化你都会战胜对方。

如果每次加上的最大数变成9的时候，需要记住的数列就变成90，80，70，60，50，40，30，20，10。这时候谁先说谁就会输，因为不管你先说出几，对方都可以依次说出10，20，……到最后也会是后说的人先数到100。

10. 把这10根火柴棒按照下面的方式移动：把7移到10，4移到8，6移到2，1移到3，5移到9或者把4移到1，7移到3，5移到9，6移到2，8移到10。

11. 把这15根火柴棒编为1号至15号，再按照下面的方法移动就可以了：2移到6，1移到6，8移到12，7移到12，9移到5，10移到5，4、3都在5和6之间，把11也移动到5和6之间，13在11处，14移动到11处，15也是这样。

12. 为了能够清楚地表示出纸盘移动的整个过程，我们把这些纸盘按照从小到大的顺序编为 1，2，3，4，5，6，7，8。具体的移动方法如下表所示。

当中间的辅助棒没有纸盘的时候，只有编号是奇数的纸盘（1，3，5 等）能套进去；当 B 棒没有纸盘的时候，只有编号是偶数的纸盘能套进去。因此，只有把上面的 3 个纸盘移动到辅助棒上，才可以移动上面 4 块纸盘。通过这个表我们可以知道，要进行 7 次这样的移动，然后把编号是 4 的纸盘套在 B 棒上，所以移动的次数会增加 1 次。最后，把 1，2，3 这 3 个纸盘从辅助棒移动到套在 B 棒的 4 号纸盘上（这时候 A 棒的作用就是辅助棒），同样要用 7 次才能完成。

	A 棒	增补棒	B 棒
移动前	1, 2, 3, 4, 5, 6, 7, 8	—	—
第一次移动之后的情形	2, 3, 4, 5, 6, 7, 8	1	—
第二次移动之后的情形	3, 4, 5, 6, 7, 8	1	2
第三次移动之后的情形	3, 4, 5, 6, 7, 8	—	1, 2
第四次移动之后的情形	4, 5, 6, 7, 8	3	1, 2
第五次移动之后的情形	1, 4, 5, 6, 7, 8	3	2
第六次移动之后的情形	1, 4, 5, 6, 7, 8	2, 3	
第七次移动之后的情形	4, 5, 6, 7, 8	1, 2, 3	—
第八次移动之后的情形	5, 6, 7, 8	1, 2, 3	4
第九次移动之后的情形	5, 6, 7, 8	2, 3	1, 4
第十次移动之后的情形	2, 5, 6, 7, 8	3	1, 4
第十一次移动之后的情形	1, 2, 5, 6, 7, 8	3	4
第十二次移动之后的情形	1, 4, 5, 6, 7, 8	—	3, 4
第十三次移动之后的情形	2, 5, 6, 7, 8	1	3, 4
第十四次移动之后的情形	5, 6, 7, 8	1	2, 3, 4
第十五次移动之后的情形	5, 6, 7, 8	—	1, 2, 3, 4

在通常情况下，按照这样的要求把纸盘以从大到小的顺序移动到圆柱上，首先要把 $n-1$ 数量的纸盘移动到空的地方，再把 $n-1$ 数量的纸盘移动到圆柱

上。完成这个任务需要移动纸盘的次数，把各个阶段纸盘的数量加在 II 的罗马数字上表示，可以得到如下结果：$II_n = 2II_{n-1} + 1$。

当 $n = 1$ 的时候，按照顺序代入公式：$II_n = 2^{n-1} + 2^{n-2} + \cdots + 2^3 + 2^2 + 2^1 + 2^0$。

这是一个等比数列，加在一起结果是 $II_n = 2^n - 1$。

根据这个式子，移动完 8 张纸盘需要的次数就是 $2^8 - 1$ 次，即 255 次。如果移动一次纸盘需要的时间是 1 秒，把 8 张纸盘全部移动完毕需要的时间是 4 分钟多。如果把纸盘的数量换成 64，完成任务的时间就会是惊人的 18446744073709551615 秒，大约是 50 亿个世纪。

13. 在解决这个难题的过程中我们会接触到二进制，所以我们先把 12，10，7 这 3 个数换算成二进制，即

12—1100

10—1010

7—111

在这 3 个数里，除了最下（即最右）的位数外，所有位数都有两个 1。A：先做各位数都没有 1 或者没有两个 1：

12—1100

10—1010

6—110

接下来 B 想把这个性质打乱，所以 A 又回到了原来的样子，接着玩下去。到 A 取的时候，就把 B 打乱的关系重新恢复，让每列 1 的个数都是偶数。

用二进制表示 3 个正整数的组合，每列 1 的个数都是偶数，这样的组合叫作正规组，其余的都是非正规组。

非正规组每次都会把正规组打乱，但是每次非正规组都会变回正规组。所以，在同一位 1 的个数是奇数的情况下，选择其位有 1 和最上位（最左）的数目，把这个数变小，使其恢复为正规组就可以了，这不是什么难事。

先拿的人在数组是非正规组的情况下一定会胜利，所以他需要在对方拿完后把非正规组做成正规组。如果原来的组就是（如 12，10，6 和 13，11，6），

谁先拿谁就肯定输掉游戏。这时候你只能寄希望于对手出现失误，以至正规组变为非正规组，否则输家一定是你，谁控制了领导权谁就一定会胜利。

如果火柴棒有 4 堆或 5 堆以上，不管怎样，只要在对方拿完后，你把所有位数都变成偶数个 1，你就一定会战胜对方。

数学小漫画

 问：

古希腊数学家阿基米德给点、线、面下了定义，并提出 5 个定理和假设。根据已知条件，在下列□里填上合适的数字。

定理 1：与□物全等的□物一定是全等的。

定理 4：相互重叠的□物一定是全等的。

假设 5：□直线和另外一条直线相交后，如果处于一侧的两个内角加在一起比 2 直角小，那么把这□直线延长，焦点一定在比直角小的线一侧。

答：

定理 1：1，2

定理 4：2

假设 5：2，2。

十一、骨牌的问题

2. 解决这个问题的关键，是在把骨牌翻过来放置时，按图 161 的顺序排列。我们很清楚地看，排列顺序是从 0 到 12：

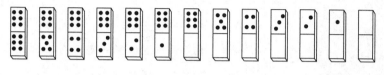

图 161

12，11，10，9，8，7，6，5，4，3，2，1，0，上面的点数按照从左到右的顺序依次少 1 个，在这排骨牌的右侧随意摆放 12 张牌，然后你就可以转过身去了。如果对方把 12 张以下任意数量的骨牌从右侧移动到左侧，你转回身掀开从左往右数的第 13 张骨牌，上面有几点就说明他移动了几张骨牌。

其中的道理很简单，因为这些骨牌是你事先摆好的，即使你转过身去，你也会记住第 13 张牌上面的点数是（0，0），这时候如果对方从左向右移动了 1 张，那么第 13 张骨牌上的点数就是（0，1）；移动 2 张，第 13 张骨牌上的点数就是（0，2）……换句话说，移动几张骨牌，第 13 张骨牌上的点数就是几点。需要强调的是，对方移动骨牌的数量不能大于 12 张。

还能接着做这个游戏，当你再次转过身的时候，对方再从右往左移动骨牌。你转回身来继续掀开骨牌，但这次你要掀开的是中间那张右侧的骨牌。想要找到需要的骨牌，按照上一次移动的数量，掀开中间那张右侧的骨牌就可以了。

3. 所有骨牌上的点数加在一起是 168，通过把骨牌上的点数一个一个相加就会算出这个结果。但这种方法比较费力，还是换下面这种方式吧：

如果有两副骨牌，一共是 56 张，把它们分成 28 组，每组 2 张。分组的要求是第一张上格的点数加上第二张上格的点数等于 6，与此同时，下格的点数相加也是 6。例如（3，1）和（3，5），（0，2）和（6，4），（6，0）和（0，6），（3，3）和（3，3）等，很容易看出每组两张牌上一共有 12 点。所以两副骨牌所有点数加在一起就是 28×12＝336 点，一副骨牌上所有点数相加就是 168 点了。

6. 假设已经有了这样的正方形，中间的 3 条线把两边平分为 4 份并且和底边平行。按照问题的要求，这 3 条直线最少要和 1 张骨牌相交，在它们的上方还要有偶数个小正方形（分别是 4，8，12 个），而且每个小正方形的面积要等于骨牌面积的一半，所以这 3 条直线分别横切偶数张牌（即和 2 张以上骨牌相交），一共横切 6 张以上的骨牌。按照同样的方法，画 3 条平行于两侧边的直线。那么这 3 条直线同样一共横切 6 张以上的骨牌。这时每张骨牌都被 2 条直线横切，这样的话，做成这个正方形至少要用 12 张骨牌，不符合题目的要求。因此，不能用 8 张骨牌做出符合题目条件的正方形。

7. 符合题目条件的正方形也无法做出，证明的方法参照上题，不同之处是这个过程中要画的平行线数目是 5 条。

8. 符合题目条件的长方形是可以做出来的，如图 162 就是其中的一种。

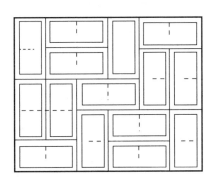

图 162

数学小漫画

问：

下面是十进制和二进制的换算关系，请你求出"？"表示的数字：

1……1   2……10

3……11   4……100

5……101   6……110

7……111   8……10000

9……1001   10……1010

11……?   12……?

13……?   14……?

15……?   16……?

二进位法是伟大的创造！

答：

11 = 1011

12 = 1100

13 = 1101

14 = 1110

15 = 1111

16 = 10000

十二、白棋与黑棋

1. 按照下面从上往下，再从左往右的顺序移动 24 次就可以了。

6 移至 5，2 移至 4，4 移至 6；

4 移至 6，1 移至 2，2 移至 4；

3 移至 4，3 移至 1，3 移至 2；

5 移至 3，5 移至 3，5 移至 3；

7 移至 5，7 移至 5，7 移至 5；

8 移至 7，9 移至 7，6 移至 7；

6 移至 8，8 移至 9，4 移至 6；

4 移至 6，6 移至 8，5 移至 4。

2. 最开始的情况如图 163 所示。

图 163

第一次把 6 和 7 移动到左侧，如图 164 所示。

图 164

第二次把 3 和 4 移动到空格档，如图 165 所示。

○ ● ○ ●　　　○ ○ ● ●
6 7 1 2　　　5 3 4 5

图 165

第三次把 7 和 1 移动到刚才 3 和 4 的位置，如图 166 所示。

图 166

第四次把 4 和 8 移动到最后的空格里，于是就完成了任务，如图 167 所示。

图 167

3. 图 168 是最初的状态，图 169 是移动的过程。

①把 8 与 9 移到左边的空格。

②把 3 与 4 移到现在空的地方。

③把 6 与 7 移到现在空的地方。

④把 9 与 1 移到现在空的地方。

⑤把 4 与 10 移到现在空的地方。

图 168

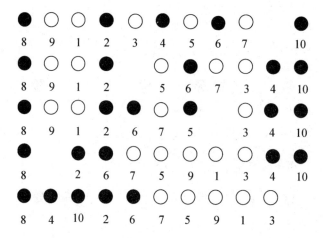

图 169

4. 按照图 170 的方式移动。

10 11 1 2 3 4 5 6 7 8 9 12
10 11 1 2 3 4 5 6 9 7 8 12
10 11 1 4 5 6 2 3 9 7 8 12
10 11 1 6 2 4 5 3 9 7 8 12
10 6 2 4 5 11 1 3 9 7 8 12
10 8 12 6 2 4 5 11 1 3 9 7

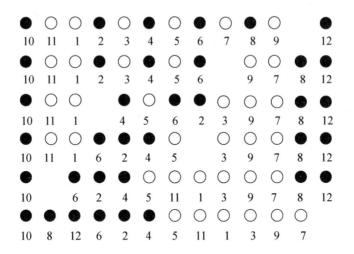

图 170

5. 前 6 次的移动方法如图 171 所示，后 7 次的移动方法请你自己去探索。

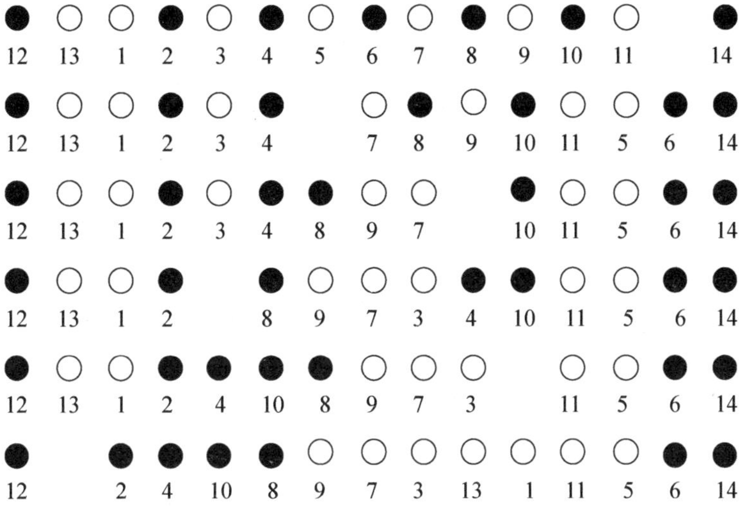

12 13 1 2 3 4 5 6 7 8 9 10 11 14
12 13 1 2 3 4 7 8 9 10 11 5 6 14
12 13 1 2 3 4 8 9 7 10 11 5 6 14
12 13 1 2 8 9 7 3 4 10 11 5 6 14
12 13 1 2 4 10 8 9 7 3 11 5 6 14
12 2 4 10 8 9 7 3 13 1 11 5 6 14

图 171

6. 如图 172 所示。

7. 我们先把棋子按照图 173 排列，再把 24 根火柴按照图 174 排列。

从左向右数，每数到 7 的时候就把对应的那根拿走，第一次拿走的是第 7 根、第 14 根和第 21 根；然后从第 21 根后面的 3 根开始数，每数到 7 的时候再把对应的那根拿走，这次拿走的是第 4 根、第 12 根和第 20 根；接下来再按照这种方式进行，第 5 根、第 15 根和第 24 根被拿走；接下来是第 10 根和第 22 根；最后拿走第 9 根。这样火柴棒就剩下 12 根了。把白色的棋子放在空白位置上，再用黑色的棋子代替剩下的火柴棒，就会得到满足题目要求的摆放方法（如图 173 所示）。

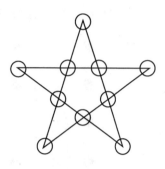

图 172

图 173

图 174

数学小漫画

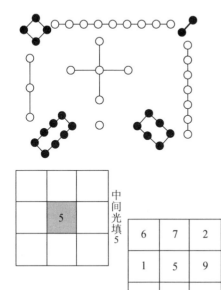

中间光填5

6	7	2
1	5	9
8	3	4

 问：

左图是中国古代一个著名的矩阵图形，据说这幅图最早是刻在龟背上的。在这幅图里，纵、横、斜加在一起都是15。请把数字1到9填进左图，做成一个现代的矩阵图形。

 答：

如左图。

十三、国际象棋的问题

1. 答案如图 175 所示。

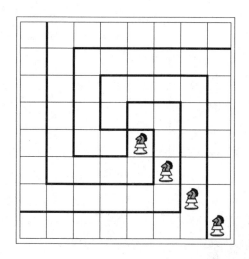

图 175

2. "骑士"需要移动 63 次才能做到题目的要求。需要注意的是,"骑士"移动后,这个格子的颜色就会发生变化,所以移动奇数次(63 次)后,"骑士"所在的地方和最开始出发的地方是颜色不同的格子,这样又不符合题目的要求了。也就是说,"骑士"怎么走都不能绕空格 1 走圈。

当棋盘的棋子个数是奇数时,想法是一样的,可以认为是同样的方式。

3. 我们先设定符合题目要求的方法。先把"骑士"出发的格子编为 1,剩下的格子按照"骑士"走的路线分别编为 2 ~ 62。通过前面的题目我们可以知道,"骑士"每走一次,格子就会改变颜色。因此,奇数编号的格子颜色是

相同的，偶数编号格子也是相同的。所以棋盘上黑色和白色的空格分别有 31 个。然而，"士兵"所在的两个格子颜色相同，这样又不符合题目的要求了，所以这个问题无解。

a	f	e	b
e	0	0	f
f	0	0	e
d	e	f	c

图 176

4. 如图 176 是 16 个格子，在中间 4 个格子里填上数字 0，周围 12 个格子里填上字母 a，b，c，d，e，f。如果按着"骑士"经过格子的顺序排列，可以得到一个由 16 个记号组成的锁链。当"骑士"从一个有字母的格子向另外一个有字母的格子移动时，一定会经过有数字 0 的格子，因此在这个锁链里，每两个不同字母之间一定会有数字 0。然后把同一个字母并列的地方用一个字母来表示，在这个锁链里至少需要 6 个字母，而且这些字母都被 0 分隔开来。但这里只有 4 个 0，无法把 6 个字母分隔开来。也就是说，这个问题同样无解。

5. 不管"独角仙"怎么走，总会出现空格。我们先把白色格子里的"独角仙"命名为"白独角仙"，黑色格子里的"独角仙"命名为"黑独角仙"。当"独角仙"走到旁边的格子里时，说明"黑独角仙"都进入白色的格子里了。然而白色格子的数量是 12 个，而"黑独角仙"的个数是 13 个，所以有一个白色格子里会有至少两只"独角仙"。这时，由于"独角仙"的数量和格子的数量是相等的，所以有一个格子是空的。

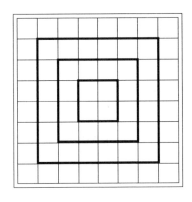

图 177

在格子数是奇数的正方形棋盘上，也会得到这样的答案，证明方法如前所述。

6. 如图 177 所示，把棋盘分割成大小不同的方形轮，再把"独角仙"移动到旁边的格子里。按照顺时针的方向，让"独角仙"沿着方形轮移动到旁边的格子里。很清楚地看到，每个格子里都会有"独角仙"。

7. 如图 178 所示，这是一条通过所有格子的曲线，并且这条曲线是封闭的。"独角仙"沿着这条线前进，就能按照题目的要求围着棋盘走一圈。

8. 我们先设定可以做到，这样的话偶数个格子就会被骨牌盖住，因为1张骨牌的面积等于两个格子。但现在在棋盘上有63个空格，所以此题无解。

9. 把1张骨牌放到棋盘上后，一定会有一黑一白两个格子被骨牌盖住，因此在棋盘被骨牌盖住的部分里，黑色格子和白色格子

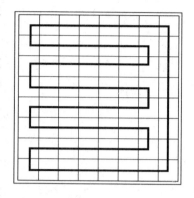

图178

的数量是相等的。在这个问题里，"士兵"被放在2个颜色相同的格子里，但在棋盘没有被覆盖的部分里，黑色格子和白色格子的数量是不同的，所以不能完全用骨牌盖住。

10. 观察图178，当"士兵"沿着这条封闭的曲线被放在两个挨在一起的格子里时，曲线会经过白黑交替的62个格子两端的一条直线，把骨牌沿着这条线从一端排列，棋盘剩下的部分就会被全部盖住。当"士兵"不是被放在两个挨在一起的格子里时，曲线就会分成两部分，而且这两部分不互相交叉。这时候，所有部分经过格子的个数都是偶数个（因为"士兵"所在格子的颜色不同），所以骨牌可以完全盖住任意一条曲线。也就是说，按照上面所说的，把2个"士兵"摆进不同颜色的格子里时，不管用什么方式摆放，棋盘上剩下的部分都能用骨牌完全盖住。

11. 把棋盘的32个白色格子里每个都放1个棋子，这样就会1张骨牌也放不上去了，因为骨牌会盖住挨着的两个格子。然后要怎样把31个棋子摆在棋盘上，才能至少放得下1张骨牌呢？棋子要以什么方式排在棋盘上，才能至少让1张骨牌排得上去？先用32张骨牌把整个棋盘盖住（可以沿着图177那条封闭曲线），然后在骨牌上任意摆放31个棋子，没有棋子的骨牌至少有1张，因此我们可以知道，需要棋子的数量是32个。

数学小漫画

 问：

　　这是一个由 16 个格子组成的矩阵数列。现在把其中 4 个格子里的数字进行移动，使纵、横、斜的数字加在一起都是 34。

1	15	14	4
12	6	7	9
8	10	11	5
13	3	2	16

 答：

　　答案如左图所示。

十四、数的正方形

1. 最简单的方法是在每个格子里都写上数字 2，但在有奇数的情况下，事情就变得复杂了。通过尝试我们可以发现，中间的格子里不能写 1 或 3，接下来我们来证明这点的成立。

假设数字已经按照题目的要求写进空格里，现在把第二列和两条对角线上的数都加在一起（中间的这个数被加了 3 次），用得到的结果减去第一行和第三行，得到的差除以 3 就是正方形中心这个数；换个角度来研究，无论在纵列、横行还是对角线上，这些数字相加都是 6，它们相减一定等于 0。所以中间的数是 2 才行。

想让横行和斜线上的数字加在一起等于 6，要用到 3 个数字，这是一定的。因此，这个正方形最少要有一个顶点的格子里是 2，接下来的事情就容易许多，具体可以看图 179。后面三个图形都是根据最开始的图形进行配置的，也就是在对角线（2，2，2）和第二纵列、第二横行求对移的配置。

1	3	2
3	2	1
2	1	3

3	1	2
1	2	3
2	3	1

2	1	3
3	2	1
1	3	2

2	3	1
1	2	3
3	1	2

图 179

我们还可以用如下方法来计算，使数字组合满足题目的要求。首先看图 180（a），把正方形 *ABCD* 以外的数，分别向下方、上方、左侧和右侧移动，使它们能填进正方形的空格里，这样我们就会得到图 180（b）。

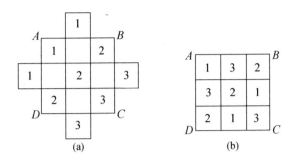

图 180

2. 和上个问题一样，我们用最后给出的简单方法解决这个问题。首先按照图 181（a）的方式配置，再把正方形以外的数字分别向左侧、右侧、下方和上方三个格子移动，使它们能填进正方形的空格里，这样我们就会得到图 181（b）。

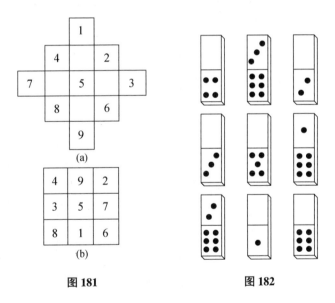

图 181　　　　　　　　　　**图 182**

如图 182 所示，我们还可以用骨牌来代替数字。

3. 通过前面所说的方法可知，16 个格子的魔方阵无法做出来。但是，满足这个问题要求的答案很多。这里我们不再深入探讨了，只给出图 183 两种方法。

4	5	14	11
1	15	8	10
16	2	9	7
13	12	3	6

3	2	15	14
13	16	1	4
10	11	6	7
8	5	12	9

图 183

在遇到格子数是奇数的魔方阵时，用上面说的方法非常简单。但当遇到格子数是偶数的魔方阵时，问题就会比较复杂了。

4. 具体的解答方式和前面类似。如图 184 所示，在用 25 个格子组成的正方形边上再加 4 个格子，然后把 1 ~ 25 这 25 个数字依次再填进图中。接下来把正方形以外的数字分别向下方、上方、左侧和右侧移动三个格子，然后将正方形以外的一切数字各向下方、上方、左方以及右方的 5 个格子移动，就会得到图 185。

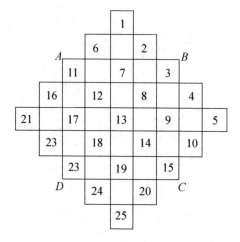

图 184

A				B
11	24	7	20	3
4	12	25	8	16
17	5	13	21	9
10	18	1	14	22
23	6	19	2	15
D				C

图 185

数学小漫画

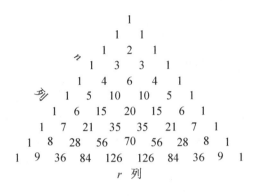

问：

左图这个数字金字塔叫作巴斯加三角形。组成这个巴斯加三角形的数字之间有什么关系呢？

nCr

C 是 Combination（组合）的首个字母。

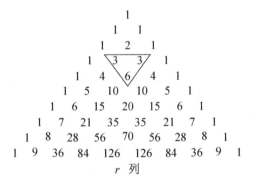

答：

如图所示，所有部分都是上层两个数加在一起在下层表示。

5. 如图 186 所示，如果把字母填进一条对角线任意一个格子里，那么在另一条对角线上就有 2 个格子必须是空的，因为通过另外一条对角线上两个格子的横排或纵列已经被写上字母了（这幅图里，另外一条对角线的两个顶点就不能写上字母）。在第二条对角线上剩下两个格子其中的一个里写进字母，然后根据这两个字母，很快就能知道剩下的两个字母该写在什么地方。也就是说，在写好第一条对角线上的字母后，这个问题可以有两种解决方式。需要注意的是，第一个字母是写进对角线 4 个格子中任意一个的，所以有 $2 \times 4 = 8$ 种解决方式。当字母是 4 个的时候，可以有 24 种配置，意味着有 $8 \times 24 = 192$ 种解决方式。

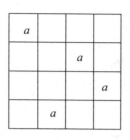

图 186

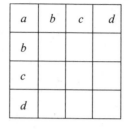

图 187

6. 先按照题目的要求对字母进行配置，再把任意两个横行或纵列调换位置，这样得到的字母配置也是符合题目要求的，通过这种方式得到的横排和纵列，可以在左侧和上端写上字母（如图 187 所示）。

这是一种基本的配置，下面我们看一看是否有其他基本的配置。把 a，b，c 配置在第二行的方式有 (c,d,a) (d,a,c) 和 (a,d,c) 3 种，这里最开始的两个配置在第三行和这四行的方式分别有 1 种，最后一个却有 2 种。所以，如图 188 所示，基本的配置一共有 4 种。

把这 4 种基本配置的纵列调换位置可以得到 24 种不同的配置，并且各个纵列的配置还能和后三行调换，这样又可以得到 6 种不同的配置。所以，符合题目要求的不同配置方式一共有 $4 \times 24 \times 6 = 576$（种）。

a	b	c	d		a	b	c	d		a	b	c	d		a	b	c	d
b	c	d	a		b	d	a	c		b	a	d	c		b	a	d	c
c	d	a	b		c	a	d	b		c	d	a	b		c	d	b	a
d	a	b	c		d	c	b	a		d	c	b	a		d	c	a	b

图 188

7. 首先把军官的级别分别设为 A，B，C，D，再把所属部队设为 1，2，3，4。这样一来，每个军官可以用字母和数字来表示了，如第三个部队的上尉就可以用 $(C,3)$ 来表示。想解决这个问题，就要先把四个字母 A，B，C，D 和四个数字 1，2，3，4 写在 16 个格子里，而且没有重复的字母和数字组合就可以了。

首先，字母的配置如图 189 所示（配置过程可参看前面的问题）。接下来要做的是把数字加进去，先把字母根据军衔写上和它对应的数字（A 对应 1，B 对应 2，C 对应 3，D 对应 4），最后把数字填进和对角线（A，C，D，B）对称的格子里，就可以得到图 190。

8. 假设在一个由 16 个格子组成的正方形里，横行和第一队选手对应，纵列和第二队选手对应。然后把这些数字的组合按照如下方式填进格子里，采用之前学到的方法，对假设的字母和数字进行配置。再把字母用和它对应的数字来表示，即 A 对应 1，B 对应 2，C 对应 3，D 对应 4，就能得到图 191。

A	B	C	D
D	C	B	A
B	A	D	C
C	D	A	B

图 189

(A,1)	(B,4)	(C,2)	(D,3)
(D,2)	(C,3)	(B,1)	(A,4)
(B,3)	(A,2)	(D,4)	(C,1)
(C,4)	(D,1)	(A,3)	(B,2)

图 190

现在假设数组里前面那个数字的意思是对应包含在其他格子里的行和列的选手，在什么时候会相遇？与此同时，当后面的数字是奇数的时候，意味着第一队选手在比赛时用的是白色棋子，否则用的是黑色棋子。某个数字在第一个位置出现后，在每行和每列也各出现一次，说明所有选手都参加了比赛，同时所有选手都和对方一一进行比赛。

I＼II	1	2	3	4
1	(1,1)	(2,4)	(3,2)	(4,3)
2	(4,2)	(3,3)	(2,1)	(1,4)
3	(2,3)	(1,2)	(4,4)	(3,1)
4	(3,4)	(4,1)	(1,3)	(2,2)

图 191

I＼II	1	2	3	4
1	1	2	3	4
2	4	3	2	1
3	2	1	4	3
4	3	4	1	2

图 192

为了说明这个表格和问题给定的条件相符合，我们把 1，2，3，4 这四个数字按照不同的顺序配置在每行每列里数字组的第二个数字的位置上。所以，每个选手都分别持白棋和黑棋各比赛 2 回。由于每个数字组都是不一样的，所以都是包含在同一回合里的 4 个数字组。也就是说，如果数字组处于第一个位置上的数字相同，那么处于第二个位置的数字（1，2，3，4）也会按照这个顺序排列，也就是说在这个回合的比赛里，第一队的选手分别持白棋和黑棋各2回比赛（如图 192 所示）。用格子的颜色表示第一队选手棋子颜色，同时用数字表示选手们相遇时的号码。

下面说说如何做任意大小的拉丁方阵，用自然数表示 $n \times n$ 的拉丁方阵元素。

Ⅰ：设一个质数 p，$n = p - 1$，方阵的纵列从左到右，横行从上到下记下 1 到 n 的号码。把 p 除以 ab 后的余数写在号码 a 的行和号码 b 的列交叉后共同的格子里。由于 p 除以行和列的号码不能除尽，因此只能把 1，2，…，n 中的一个写进格子里。我们先来证明各行的数字是不同的。把相等的数字写在号码 a 的行和号码 b，c 的列的两个格子里，这就表明 p 在除以数 ab 和 ac 后有相同的余数。所以 p 在除以数 a（$b - c$）的时候是可以被除尽的，由于 a 和 $b - c$ 都等于 0，并且绝对值比 p 要小，不能被 p 整除，所以得到的余数应该是不一样的。按照这种方法可以知道，在拉丁方阵里，每一列的数都是不一样的。在每行每列里都有 n 个格子，被 p 除后一共有 n 个数的余数不会变为 0，所以，每行每列分别用 1，2，……，n 的顺序来表示。

设 $p = 5$，再分别用 a，b，c，d 表示 1，2，3，4，就能做出图 188 中的第二个图。

Ⅱ：假设 n 是任意一个自然数，k 也是一个自然数，而且 k 和 n 除了 1 之外没有其他公因数。把 n 除以 $ak + b$ 的余数写在号码 a 的行和号码 b 的列交叉后共同的格子里，假设号码 a 的行和号码 b 与 c 两列交叉的两个格子数字是相等的，那么它们的差（$ak + b$）$-$（$ak + c$）$= b - c$ 一定会被 n 除尽，但 b 和 c 是从 1 到 n 互不相同的两个数，所以它们的差必然不会被 n 整除；与此同时，假设一列和号码 b 的两个格子里有一样的数字，并且设定对应这些行的号码分别是 u 和 v，它们的差（$uk + b$）$-$（$vk + b$）$=$（$u - v$）k 必然会被 n 整除，因为 k 与 n 除了 1 之外再也没有其他公因数，所以 u 和 v 的差也一定会被 n 除尽，但这是不现实的。

综上所述，每行每列格子里都有不一样的数字，与之前的情形一样，说明这个方阵的行和列分别用 0，1，2，……，$n-1$ 这个顺序表示。

当 $n=4$，$k=1$ 时，将数字 0，1，2，3 分别用字母 c，d，a，b 表示，再按照同样的方式就能做出图 188 里的第一个方阵。

当 k 的值发生变化时，做出的方阵也是不一样的。

下面我们假设 n 是质数，并且是奇数，k 和 l 是从 0，1，……，$n-1$ 中任意选择的两个数，用上面说的方法做一个拉丁方阵，得到的组合结果和问题 5 是一样的。然而这样的话，有着不同值的 n 队的代表者会参加比赛，假设方阵所有格子被写满后，出现了相同的数字组在两个不同的格子里出现的情况，并且分别在号码 a，u 的行和号码 b，v 的列上，它们相减的结果是：

$$ak+b-(uk+v)=(a-u)\ k+b-v$$

$$al+b-(ul+v)=(a-u)\ l+b-v$$

它们都可以被 n 整除，所以它们的差 $(a-u)\ k-(a-u)\ l=(a-u)\ (k-l)$ 也可以被 n 整除。但只有 $a=u$ 时才能满足这个条件，结果差 $b-v$ 也会被 n 整除，所以 $b=v$，就说明这些格子是一致的。

对于任何一个数 n，按照问题 5 的答案得出的拉丁方阵，把这个方阵作为一队人数是 n 时的循环赛赛程表，即问题 6 的结果。有趣的是，当 $n=6$ 时这个循环赛的赛程表也能做出来，但问题 5 却不能得到解决。

数学小漫画

 问:

这是古埃及的一个数学谜题:

7户人家分别养7只猫,每只猫分别抓了7只老鼠,每只老鼠分别咬住7根麦穗,每根麦穗分别有7颗麦粒。一共有多少个麦粒?

 答:

19607。

$$\underset{7}{\underset{家}{|}} + \underset{7^2}{\underset{猫}{|}} + \underset{7^3}{\underset{鼠}{|}} + \underset{7^4}{\underset{穗}{|}} + \underset{7^5}{\underset{麦}{|}}$$

$$= 7 + 49 + 343 + 2401 + 16807$$

$$= 19607$$

十五、找路的方法

1. 很多人最开始会这样认为：蜘蛛沿着 CE 爬到点 E，再沿着 EK 爬到苍蝇所在的地方。除此之外，还有其他的路吗？

当然有，蜘蛛可以沿 CF 爬行，爬到 F 处时再沿着 FK 爬到苍蝇所在的地方，同时，蜘蛛也可以沿着 CA 爬行，爬到 A 处时再沿着 AK 爬到苍蝇所在的地方。

对角线 CK 的中点是长方体各部分的对称中心，所以路线 CDK，CBK 和 CGK 和之前说的那三条路是一样长的。难道这些路线就是最短的路线吗？当然不是。

由于长方体具有对称性，所以我们排除经过 ABEK 的路线。因为如图 193 所示，两条路线 KLC 和 KMC 是等长的，所以可以认为最短的路线和 EG，GF，FD，AD 四条边其中之一相交，同时 EG 和 AD 是对称的，所以最短的路线也和 EG，GF，FD 相交。

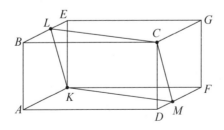

图 193

现在我们把这个长方体打开，就会得到图 194。

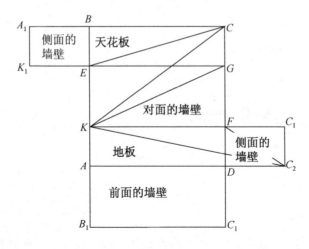

图 194

现在苍蝇在点 K，蜘蛛在点 C，通过这幅图我们可以很清楚地知道路线 CEK 和 CGK 并不是最短的路线，最短的路线其实是点 C 和点 K 之间的连线。与 EG 相交的所有路线里，这条路线是最短的一条。同理可证，与 FD 相交的所有路线里，路线 KC_2 是最短的一条（点 C_2 对应长方体的顶点 C），比路线 C_2 FK 还要短。

如图 195 可知，路线 KC_3 是和边 GF 相交的所有路线中最短的一条。

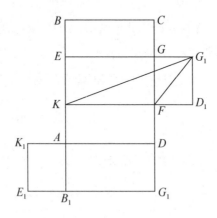

图 195

接下来的问题就是 KC，KC_2 和 KC_3 哪一条是最短的，这就需要进行计算了。

现在分别用 a，b，c 来表示长方体的宽 AD、高 AB 和长 AK，通过图 193 和图 194，我们列出下面的式子：

$$|KC| = \sqrt{a^2 + (b + c)^2}$$

$$|KC_2| = \sqrt{(a + b)^2 + c^2}$$

$$|KC_1| = \sqrt{(a + c)^2 + b^2}$$

去掉式子中的括号，再比较根号里的数式就可以看出只有 $2bc$，$2ab$ 和 $2ac$ 是不同的。把这三个数除以 $2abc$ 后分别得到 $\frac{1}{a}$，$\frac{1}{c}$，$\frac{1}{b}$，于是可以知道，当 $a > b$，$a > c$ 的时候，最短的路线是 KC；当 $c > a$，$c > b$ 的时候，最短的路线是 KC_2；当 $b > a$，$b > c$ 的时候，最短的路线是 KC_3。

也就是说，蜘蛛要走的最短的路线是和 EG，GF，FD 中最长边相交的路线。对于这种问题，不要看过之后马上下结论，因为这种问题并不是那么简单的。

3. 除 D 和 E 之外，其他地区都是偶数地区，所以这个问题是能够解决的。

与此同时，只有从 D 和 E 这两个奇数地区出发才可以绕桥，因此符合题目要求的路线就是 $EaFbBcFdAeFfCgAhCiDkAmEnApBqEID$。

（按照相反的顺序也可以完成任务，应走的桥在这里用小写字母表示）。

4. 首先确定这个问题是否有答案，由于芬兰、波兰、丹麦和邻国国境的数目是奇数个（即这些地区都属于奇数地区，并且数量大于 2），所以这个走私者是不可能实现他的计划的。

5. 具体方法如图 196 所示。

6. 用点在纸上表示所有工人和所有机器，这样一共是 20 个点。再从表示工人的点出发，向表示机器的两点画线，我们就可以得到一个网络，这个网络由 20 个点和 20 条线组成。然后不管点表示人还是机器，任意一点都可画 2 条线。

这个网路可以分成不同的部分，在任意一部分的内部都可以从其中一点沿着画的线通往另外一点。不属于同一部分的点之间就不会有连线。

图 196

由于每部分点上线的条数都是偶数，所以可以用一笔画出任意部分，沿着画线的方向，把箭头也画在网路上，表示从网路上各点延伸出一条线来。

这说明从表示工人的点画出来的线，代表工人可以使用的机器的点之间连线，即能满足题目的要求。

把工人和机器的数量改成任意整数（这个整数要大于 2），都可以用这种方法解决问题。

数学小漫画

? 问：

诸葛亮在排兵布阵的时候，只移动了 3 个人，就把阵法从上面的图变成了下面的图，请问他是怎么做到的呢？

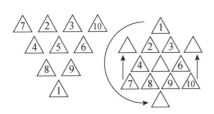

! 答：

移动方式如左图。